U0274425

Report of the URSI Inter-Commission Working Group on SPS

June 2007

URSI Inter-Commission Working Group on SPS

航天科技图书出版基金资助出版

太阳能发电卫星白皮书

——URSI SPS 国际委员会工作组报告

URSI SPS 国际委员会工作组　著

侯欣宾　王　立　刘长军　黄卡玛　译

中国宇航出版社

·北京·

图书在版编目（CIP）数据

太阳能发电卫星白皮书：URSI SPS 国际委员会工作
组报告／侯欣宾等译. —北京：中国宇航出版社，2013.3

书名原文：Report of the URSI Inter-Commission
Working Group on SPS

ISBN 978 - 7 - 5159 - 0322 - 4

Ⅰ.①太…　Ⅱ.①侯…　Ⅲ.①太阳能发电－电站－研
究报告　Ⅳ.①TM615

中国版本图书馆 CIP 数据核字（2012）第 269219 号

著作权合同登记号：图字：01－2013－1386 号

责任编辑 黄　莘　**责任校对** 王　妍　**封面设计** 文道思

出　版
　　　　中国宇航出版社
发　行

社　址　北京市阜成路 8 号　　**邮　编**　100830
　　　　（010）68768548
网　址　www. caphbook. com
经　销　新华书店
发行部　（010）68371900　　　（010）88530478（传真）
　　　　（010）68768541　　　（010）68767294（传真）
零售店　读者服务部　　　　　北京宇航文苑
　　　　（010）68371105　　　（010）62529336
承　印　北京画中画印刷有限公司
版　次　2013 年 3 月第 1 版　　2013 年 3 月第 1 次印刷
规　格　880×1230　　　　　**开　本**　1/32
印　张　9.625　　　　　　　**字　数**　265 千字
书　号　ISBN 978 - 7 - 5159 - 0322 - 4
定　价　68.00 元

航天科技图书出版基金简介

航天科技图书出版基金是由中国航天科技集团公司于2007年设立的，旨在鼓励航天科技人员著书立说，不断积累和传承航天科技知识，为航天事业提供知识储备和技术支持，繁荣航天科技图书出版工作，促进航天事业又好又快地发展。基金资助项目由航天科技图书出版基金评审委员会审定，由中国宇航出版社出版。

申请出版基金资助的项目包括航天基础理论著作，航天工程技术著作，航天科技工具书，航天型号管理经验与管理思想集萃，世界航天各学科前沿技术发展译著以及有代表性的科研生产、经营管理译著，向社会公众普及航天知识、宣传航天文化的优秀读物等。出版基金每年评审1~2次，资助10~20项。

欢迎广大作者积极申请航天科技图书出版基金。可以登录中国宇航出版社网站，点击"出版基金"专栏查询详情并下载基金申请表；也可以通过电话、信函索取申报指南和基金申请表。

网址：http://www.caphbook.com

电话：(010) 68767205，68768904

前　言

本报告由国际无线电科学联合会（URSI—Union Radio Scientific International）出版，URSI 希望通过这一白皮书，为太阳能发电卫星相关问题的深入讨论提供科学背景。URSI 是一个非盈利、非官方的科学家及工程师国际联合会，致力于无线电科学各个方面的研究。自 1919 年成立以来，URSI 就成为国际科学理事会（ICSU）成员，在无线电科学领域积累了丰富的知识和经验，是解决无线电科学相关问题的专门组织。

近年来，随着全球能源需求的持续增长，化石燃料燃烧所排放的二氧化碳成为全球变暖的主要原因。尽管存在与无线电应用相关的其他问题，目前仍是对长期以来在技术和理论上一直得到提议、研究，并被认为是一种清洁能源的太阳能发电卫星进行总体概述的最佳时机。URSI 是研究解决与太阳能发电卫星（SPS）相关、所有无线电科学疑问和问题的适合的国际组织，这些疑问和问题都在本白皮书中进行解释和讨论，而与无线电科学关系不大的部分，如卫星发射、运输及其他空间技术，仅作简单论述。

需要强调的是，URSI 并不完全提倡发展 SPS，在其内部也存在担心和保留意见。URSI 清楚地认识到，有责任为 SPS 提供必要的科学背景，并为公正、不带任何偏见地讨论 SPS 的利弊提供一个平台。URSI 于 2002 年成立了关于 SPS 的国际委员会工作组，工作组通过 3 年时间进行白皮书的准备工作。从 2005 年开始，报告的总结部分被提取出来称为"白皮书"。经过工作组内部认真的讨论，白皮书得到了科学委员会和国家委员会的认可，并发表在《无线电科学公报》上。其他成果为这份带有附件和补充材料的文件，提供了详细的科学和技术信息。我们希望白皮书有助于迈出关于 SPS 利弊的技术和科学讨论的第一步。

报告由主报告和附件组成，包括为白皮书的完整版本提供 CD 格式，对于不包括附件在内的部分也提供印刷版本。

最后，编者深深地感谢 N. Shinohara，S. Kawasaki，J. Mankins，N. Suzuki 及 L. Summerer 负责编写报告和附件的许多部分。感谢 Yahya Rahmat-Samii，T. Itoh，M. T. Rietveld，Mike Davis，James Lin，Q. Balzano，Y. Omura 及 Y. Mitani 编写报告的部分小节。感谢 M. Inoue，R. Schillizzi，D. Emerson，M. Ohishi，A. R. Thompson 和 W. van Driel 从射电天文方面提供帮助。同时还要感谢 P. Degauque，F. Lefeure，K. Schlegel，P. Wittke，R. M. Dickinson，T. Takano，M. Taki，D. Preble 和 K. Hughes 提出了很好的建议。附录 D 是日本 JAXA SSPS 委员会主席 H. Matsumoto 完成的日文报告的翻译稿，一些部分被用于报告正文。感谢 M. Mori，H. Nagayama 和 Y. Saito 的管理工作，K. Toyama，M. Oda，S. Sasaki，M. Utashima，N. Shinohara，K. Hashimoto，T. Yoshida，M. Imaizumi，S. Toyama，H. Kawasaki 的编写和翻译校对工作，以及 G. Maeda 的英语翻译工作。SPS 国际委员会工作组成员包括 A. C. Marvin，Y. Rahmat-Samii，T. Ohira，T. Itoh，Z. Kawasaki，S. C. Reising，M. T. Rietveld，N. Schinohara，D. T. Emerson，W. van Driel 和 J. Lin。

URSI 前主席

URSI SPS 国际委员会工作组主席

Hiroshi Matsumoto

URSI SPS 国际委员会工作组秘书

Kozo Hashimoto

目　录

第 1 章 太阳能发电卫星研发背景 *

1.1 未来 100 年的人类生活

近期，人类的生活水平和人口数量呈爆炸式增长。事实上，20 世纪全球人口数量增长了 4 倍，而能源消耗却增加了 16 倍[1]，能源、食物和物质资源的消耗在未来 50 年中预计将增加 2.5 倍。人类对于更高质量生活的追求，导致人们在 21 世纪必须面对全球性的严重威胁人类生活、甚至直接影响人类在地球生存安全的问题，诸如全球变暖、环境恶化、二氧化碳（CO_2）含量升高所造成的陆地、海洋养分减少和化石燃料储量的快速减少。由于发展中国家的生活水平和人口数量持续增长，预计到 2050 年，人类对能源的需求将增加到目前的几倍。

1.2 未来 50 年的能源需求

目前人类的主要能源来自于化石燃料，如石油、煤和天然气。然而，化石燃料存在两个严重问题，使其不能长期作为主要能源。一是化石燃料有限的储量问题，如果按照目前或更快的速度消耗，化石燃料不能维持很久。二是化石燃料的燃烧会产生 CO_2，而 CO_2 是一种温室气体，会导致全球变暖。

1.2.1 化石燃料的需求和产量预测

2004 年 11 月 9 日，一篇福布斯杂志（Forbes）的报告称，俄罗斯的石油出口量可能在未来两年内降低[3]。一名俄罗斯专家说："俄罗斯只有在石油价格合理的情况下才会增加出口"。2004 年 11 月 17

---

* URSI SPS 国际委员会工作组不提供本书内容的翻译校正——译者注。

日，Arabicnews.com 网站报告称，叙利亚的轻质原油出口预计将大幅减少[4]。诸如此类的石油减产消息并不意外。M. K. Hubbert 在1956 年就预测，除阿拉斯加外，美国的原油生产在 1969 年就会达到顶峰。图 1—1 表示了近年来全球的石油年产量和预测产量。其中，"米"字符号代表的较浅曲线是根据 Campbell 和 Laherrere 的分析模型预测的结果，该模型部分基于 Hubbert 曲线[2]。美国和加拿大的石油产量在 1972 年达到顶峰，这与 Hubbert 的预测相吻合。全球石油产量分别在 1973 年和 1979 年下降后恢复上升，但可以看出全球石油产量在近几年持续下降。苏联的石油产量从 1987 年以来降低了45%。波斯湾地区以外的石油产量顶峰正在来临。图 1—2 表示了最近的石油产量趋势，与预测相吻合。开采一桶原油和 1 立方米天然气的成本正在持续地增加，随之而来的能源支出上升可能会造成严重的、甚至是全球性的通货膨胀。根据 Exxon 石油公司的报告[6]，到 2015 年，工业部门每天的石油需求量要增加相当于 1 亿桶石油，这一数值接近目前产量的 80%，如图 1—3 所示。

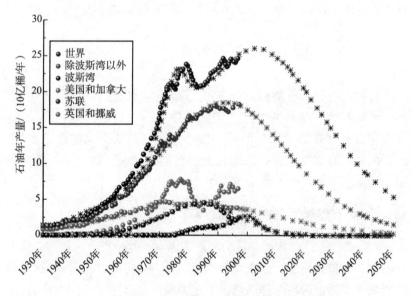

图 1—1　全球石油产量及预测曲线[2]

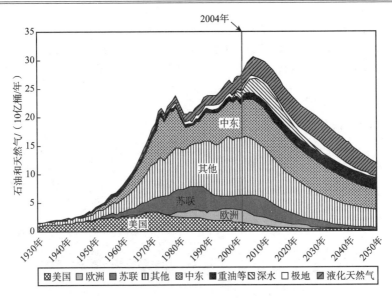

图 1-2　2004 年油气现状[5]

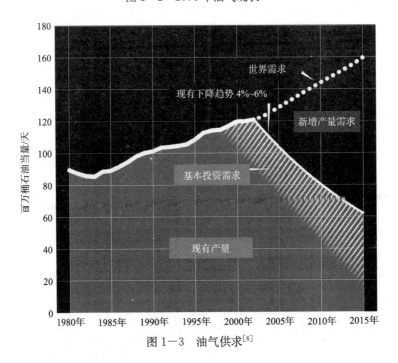

图 1-3　油气供求[6]

2000 年，世界总人口为 61 亿，这一数字在未来 50 年中将上升到 90 亿，见图 1—4。人口的增长绝大部分将来自发展中国家，而发达国家的人口数量将保持不变（约 10 亿）甚至下降[7]。

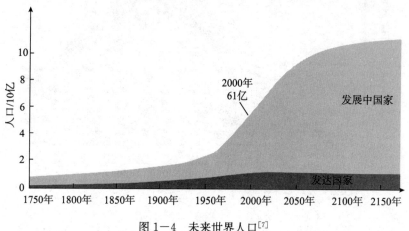

图 1—4　未来世界人口[7]

虽然在 20 世纪发生了两次世界大战，人类还是经历了生活水平（SoL）和人口的爆炸式增长，见图 1—5。人口的爆炸式增长，不可避免地造成能源、食物和物质资源需求呈指数增长，从而带来了今天的全球性问题，包括全球变暖、环境变化和化石资源储量的迅速减少[8]。Matsumoto 教授采用重量当量（SoL－t）来表示这种资源消耗量。这样的消耗量在发达国家将不再增加，但在发展中国家，将由于追求更高的生活水平而增加。将这一因素与人口的增长同时考虑，资源的绝对短缺形势就变得显而易见了。

图 1—5 以图表的形式反映了到 2050 年支持人类文明所需全部资源的简单计算方法[8]。上半部分用"SoL－t"这个单位表示目前人类活动的资源消耗量。目前，发达国家人口接近 10 亿，发展中国家为 50 亿，且发达国家的生活水平相当于发展中国家的 10 倍，则人们用于日常生活和工业生产所消耗的全部资源，包括能源、食物和物质总量为 150 亿SoL－t人。假设到 21 世纪中叶，发展中国家的人口将达到 90 亿，其生活水平达到目前的 3 倍，这将导致支持世界

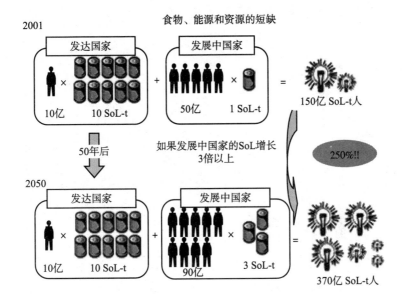

图 1-5　预计 2050 年人类面临的资源短缺[8]

经济和人类生活水平所需要的资源消耗量达到 370 亿 SoL - t 人。这么庞大的资源需求相当于目前资源消耗量的 250%，要获得如此多的资源、而不破坏地球的环境是不现实的。2003 年，全球电力需求为 16 661 TWh。随着全球工业化和计算机的广泛应用，对电力需求的增长将超过对其他能源的需求增长。

1.2.2　化石燃料所排放的 CO_2[9]

Arrhenius 在 19 世纪预测，化石燃料燃烧所排放的 CO_2 会使大气层的红外透过率降低，从而使地球变暖[10]。当我们更好地认识到化石燃料燃烧、气候变化和环境影响之间的联系时，化石燃料温室理论也随着观测数据的不断积累而变得更加可信[11]。地球大气中的 CO_2 含量从工业时代开始时的 275×10^{-6} 上升到 2004 年 3 月的 379×10^{-6}，见图 1-6，一些科学家预计本世纪 CO_2 含量将超过 550×10^{-6}。根据气候模型和古代气候数据显示，如果这一数值持续维持在 550×10^{-6}，会最终导致全球的变暖程度与上一次冰河时期的全球变化相当[12]。

550×10^{-6} （严格说是体积分数）值成为最经常被采用的缩减目标[13]。

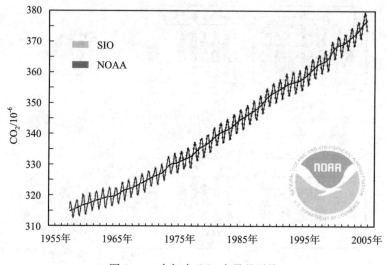

图 1—6　大气中 CO_2 含量月平均

1974 年 5 月前的数据来自 Scripps 海洋学院（SIO），1974 年 5 月后的数据来自美国
国家海洋大气管理局（NOAA），长期趋势曲线与月度平均值相吻合[14]

　　CO_2 含量的未来发展趋势已经在政府间气候变化专门委员会（IPCC）的排放情景报告（SRES）中公布[15]。该报告共包括了 4 种情景（A1、A2、B1、B2），分别概括如下。A1 情景描述了未来经济快速增长的世界，全球人口在本世纪中叶达到顶峰，之后下降，并且更快地引入新的和更高效的技术，这将导致 3 种情景：化石能源依赖型（fossil intensive，A1F1）、非化石能源型（A1T）或各种能源平衡型（A1B）。A2 情景则描述了另外一种不同的情况，经济发展主要呈地域化，人均经济增长和技术变化比其他情景更复杂、也更缓慢。B1 情景同 A1 情景有相同的全球人口，但更突出全球性的经济、社会和环境可持续性，包括不断提高的平等性，但未考虑额外的气候控制手段。B2 情景则描述了经济、社会和环境可持续性的地区解决方案。全球人口持续增长，但增长率低于 A2 情景，经济发展水平中等，技术变化也不像 B1 情景和 A1 情景中那么迅速和多样，同时也强调环境保护和

社会公平，并关注地区的发展水平。6 种情景下的 CO_2 浓度预测见图 1－7，图中 IS92 是 IPCC 1992 年公布的情景。化石能源依赖型 A1F1 是最坏的情景，而可持续的 B1 情景为最好的情景。

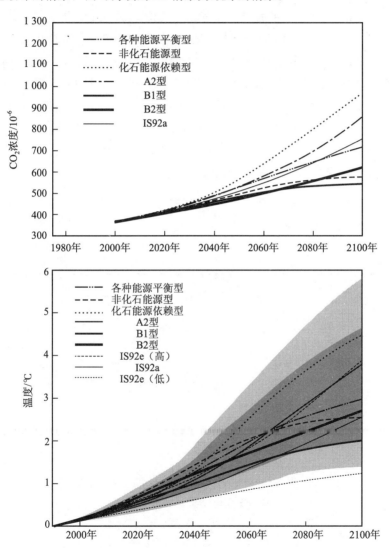

图 1－7　基于 SRES 情景的 CO_2 浓度和温度变化[15]

　　图 1－8 显示了世界能源协会（WEC）和国际应用系统分析机构（IIASA）研究得出的大气 CO_2 浓度（10^{-6} V）和全球平均温度、历史变化以及到 2100 年的预测结果，该结果是在 IS92 与 SRES 情景之间公布的。情景 A 中假定了经济高速增长，A1 表示主要使用石油和天然气，A2 表示主要使用煤，A3 更加强调天然气、可再生能源以及核能所起的作用。情景 B 作为参考情景。情景 C 则为生态驱动型，能源消耗和温室气体排放为最低。情景 C 分为情景 C1 和情景 C2，情景 C1 假定 2100 年的能源效率提高、出现类似太阳能的可再生新能源并中止利用核能，情景 C2 假定只利用核能。WEC 认为，如果能够真正重视并开始更加仔细和高效地利用能源，或者激励可再生能源的快速增加，曲线 C 是能够实现的。

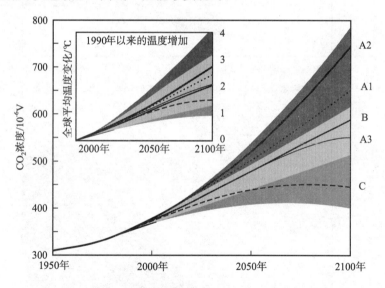

图 1－8　从 1959 年到 1990 年大气中 CO_2 浓度（10^{-6} V）的
历史变化以及 2100 年预测
（小图显示了全球平均温度（摄氏度）与 1990 年相比的变化，
模型的不确定性也有所显示[16]）

1.3　京都议定书（Kyoto Protocol）与全球变暖

第三次缔约方会议（COP3），即京都气候变化大会于 1997 年在日本京都召开。为了解决全球变暖危机，许多国家同意将发达国家在 2008 年到 2012 年的温室气体排放水平至少较 1990 年排放水平降低 5%，该协议被称作联合国气候变化框架公约（UNFCCC）京都议定书，于 1998 年 3 月 16 日开始公开签署，并于 1999 年 3 月 15 日签署结束。京都议定书随着俄罗斯在 2004 年 11 月 18 日批准后，于 2005 年 2 月 16 日正式生效，见表 1—1。

表 1—1　京都议定书分配给各国的 CO_2 排放目标[17]

国　家	目标（1990[②]年～ 2008 年/2012 年）
欧盟 15 国[①]、保加利亚、捷克共和国、爱沙尼亚、拉脱维亚、列支敦士登、立陶宛、摩纳哥、罗马尼亚、斯洛伐克、斯洛文尼亚、瑞士	−8%
美国[③]	−7%
加拿大、匈牙利、日本、波兰	−6%
克罗地亚	−5%
新西兰、俄罗斯联邦、乌克兰	0
挪威	+1%
澳大利亚	+8%
冰岛	+10%

①欧盟 15 个成员国将在该协议下，重新分配目标，欧盟已经就如何分配目标达成协议；

②部分 EITs[18]具有不同于 1990 年的基线；

③美国表示不同意批准京都议定书。

核能除了核废料难以处理利用外，也不被认为是可再生能源。

稳定由 CO_2 引起的气候变化是一个能源问题。这一稳定过程需要在未来几十年内发展出不再向大气层排放 CO_2 的主要能源，同时需要降低能源需求。

1.4　可持续能源

尽管化石燃料带来了环境破坏和资源消耗问题，不可否认的是现代社会严重依赖化石燃料。根据国际能源署报告，化石燃料提供了全球总能源供应的 80% 左右，见图 1—9。为了保证后代的生活安全，我们需要建立可持续社会发展所需的科学和技术，这样的科学和技术被称作绿色科技（GST）。稳定 CO_2 排放的技术是 GST 的关键技术之一，需要发展不再向大气层排放 CO_2 的能源、或可再生能源。这样的可再生能源技术包括地面太阳能、水电能源、风能和其他基于自然资源的能源系统。

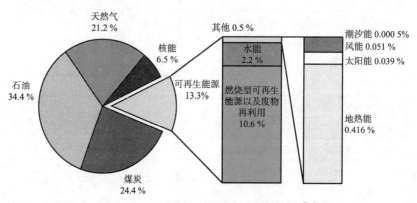

图 1—9　2003 年主要能源供应总量份额[19]

1.4.1　地面太阳能

太阳能是一种取之不尽的清洁能源，每小时辐射到地球上的太阳能大约相当于每年全人类消耗能源总量的 2 倍。

用半导体器件产生电能的光伏电池（PV）已经投入到各种实际应用中，从小型的物品，如钟表、计算器等，到地面太阳能电站。

一系列光伏电池的研究和开发正在积极进行，目的是提高电池的能量转换效率、降低制造成本。

已经广泛用于太阳能热水器的太阳热能是另一种地面太阳能利用形式。通过镜面聚光的太阳热能厂的研究和开发正在一些国家中进行，由于经济因素和位置条件，太阳热能厂尚未投入商业服务。

地面太阳能利用的主要问题是大气衰减、昼夜、季节性变化以及气候条件的影响。地球附近空间的平均太阳辐射强度为 1.37 kW/m^2。大气吸收导致地面的太阳辐射强度即使在晴朗的天气中也最多只能达到 1 kW/m^2。太阳辐射强度在阴天和雨天会变弱，而在夜间则无法获取。由于污染和沙尘会降低太阳能电池的发电效率，太阳能电池板或太阳能收集器的维护也是一个重要问题。

1.4.2　水能

水能是一种不会耗尽的和可再生能源，可以通过水流流经涡轮将水能转化成电能。根据国际能源署的数据，2003 年水电能源占世界能源供应的 2.2%[19]。每个水力发电站装机容量不同，从数百兆瓦（MW）到不足数百千瓦（kW）。单位质量输出功率是风力发电的约 1 000 倍。水力发电不排放 CO_2，但会影响自然水生态环境，如水污染以及涡轮可能伤害水生动物等都被认为属于环境问题。

1.4.3　风能

风能已经通过风车的方式得到广泛应用，它是一种清洁的、不会耗尽和可再生的能源，但功率不稳定，受到自然条件的影响很大。根据美国能源部的大量研究[20]，风力发电成本已得到极大的降低，在过去 20 年间下降了 85%，因此，风力发电在许多国家是作为小型发电站来应用的。根据世界风能协会的公告，全球风力发电容量正在稳定地增长，已经从 1997 年的 7.470 MW 增加到 2004 年的 47.616 MW，预计 2008 年达到 100 MW[21]。

1.4.4　生物质能

生物质能是一种由生物资源生成的可再生能源，如自然植物资源、农作物和动物排泄物等。它可以被转化成不同的物质，包括生物燃料、化学物质和电能。由于植物通过光合作用吸收了 CO_2，来自植物资源的生物燃料能平衡燃烧所带来的 CO_2 排放。根据美国能源部的分析，生物能资源供应链条中的处理技术、收集物流和基础设施都是十分重要的环节[20]。

1.4.5　地热能

地热能这种可再生能源广泛、大量地分布于火山国家，从稳定供给和环境影响的观点来看，地热能相比其他可再生能源更具有优势。但是，由于资源来自地球浅表层，目前的地热发电仍属于可耗尽的资源。

1.4.6　氢能

氢能是一种丰富的资源，来自水或碳氢化合物。由于能量在转化成电能的同时生成水，因此氢能被认为是清洁的而且是可再生的能源。氢在能源运输和作为运输工具的燃料方面也有广阔的应用前景。氢能面临的最大问题是要保证安全性，避免爆炸。

1.4.7　海洋热能

海洋热能是由海洋表面的温水同几百米深处的冷水之间的温差产生的。海洋热能试验电站的验证阶段基本已经完成，但是商业电站由于经济因素还难以实际应用。

1.4.8　潮汐能

这种清洁、取之不尽、丰富和可再生的能源来自于潮汐的变化，但不可避免地每天发生波动。世界最大的潮汐电站——法国的 La

Ranc 电站的装机容量达到 240 MW[21]。

1.4.9　波能

波能是一种清洁、取之不尽的可再生能源，在世界上的储量超过每年 2 000 TWh[22]。许多国家，特别是在欧洲已经开始对波能进行研究。根据 ATLAS 项目，虽然波能已经接近研发阶段末期，但目前还需要克服许多在成本和性能方面的不确定性[23]。

1.5　作为可持续能源的太阳能发电卫星

与现有的可再生能源相比，来自太空的太阳能拥有光明的前景。作为一种新型的能源系统，空间太阳能能够 24 小时供电且不排放 CO_2，可以保证人类社会的可持续发展。太阳能发电卫星在几十年前，就曾作为能够满足可持续发展、以及不排放 CO_2 的清洁能源供给的基础负载能源候选方案之一被提出。

美国国家研究委员会（NRC）在 2001 年对一个名为 SSP 探索研究技术计划（SERT）项目的太阳能发电卫星研究工作进行了可行性评估[24]，并得出结论：委员会通过对 SERT 项目所确定的技术投资策略评估发现，使空间太阳能发电与地面太阳能发电相比具有竞争力还面临着技术和经济上的挑战，需要取得一系列的突破性技术进展，SERT 项目提供了实现这一目标的可行计划。

对太阳能发电卫星的描述，包括其概念、相关技术（尤其是 URSI 相关领域的技术）、科学评估以及太阳能发电卫星系统可能产生的影响，在本白皮书的后续章节将予以阐述。

1.6　核能

核能不排放碳氧化物和氮氧化物。根据国际能源署的资料，2003 年核能在世界主要能源供给份额只占到 6.5%[19]。

核能发电最重要、也是最严重的问题是核扩散和放射性废料。核污染事件对世界核能政策的影响很大。考虑到核能的风险，许多欧洲国家已经决定关闭核电站，冻结各自的核计划。

另一方面，快中子增殖核反应堆和核聚变能源虽然还未投入商用，但为了获取长期稳定的能源供给，一些国家还在继续开展相关的研究和开发。

参 考 文 献

[1] J. R. McNeill. Something New Under the Sun: An Environmental History of the Twentieth Century. Norton, New York, 2000.

[2] Campbell, Laherrere. Scientific American, 78—84, March 1998.

[3] http: //www. energybulletin. net/3064. htm.

[4] http: //www. arabicnews. com/ansub/Daily/Day/041117/2004111709. html.

[5] http: //www. albany. edu/geosciences/oilngas. html.

[6] ExxonMobil. A report on Energy Trends. Feb. 2004.

[7] United Nations. World Population Prospects, The 1998 Revision. estimates by the Population Reference Bureau.

[8] H. Matsumoto. Research on solar power station and microwave power transmission in Japan: Review and perspectives. IEEE Microwave Magazine, vol. 3, no. 4, 36—45, December, 2002.

[9] J. Houghton. http: //www. st-edmunds. cam. ac. uk/cis/houghton/lecture4. html.

[10] S. Arrhenius. Phila. Mag. 41, 237, 1896.

[11] J. T. Houghton et al. , Eds. . Climate Change 2001: Scientific Basis. Cambridge Univ. Press, New York, 2001.

[12] M. I. Hoffert, C. Covey. Nature, 360, 573, 1992.

[13] B. Metz et al. , Eds. . Cilmate Change 2001: Mitigation. http: //www. grida. no/climate/ipcc _ tar/

[14] http: //www. resesrch. noaa. gov/climate/images/carboncycle _ co2 mm. jpg.

[15] N. Nakicenovic, R. Swart, Eds. . Special Report on Emission Scenarios. IPCC, 2000. http: //www. grida. no/climate/ipcc/spmpdf/sres-e. pdf.

[16] Global Energy Perspectives. IIASA/WEC, 1998.

[17] http: //unfccc. int/essential _ background/kyoto _ protocol/items/3145. php.

[18] Economies in Transition: Countries of the former Soviet bloc-the Soviet Union itself and the formerly communist states of central and eastern Europe.

[19] International Energy Agency. Renewables in Global Energy Supply. http: // www. iea. org/

[20] U. S. Department of Energy. Energy Efficiency and Renewable Energy. http: // www. eere. energy. gov

[21] Press releases, 5 March 2004, 7 March 2005, World Wind Energy Association. http: //www. wwindea. org/

[22] Thorpe, T W. An Overview of Wave Energy Technologies. the Office of Science and Technology. AEA Technology Report Number AEAT－3615, 1998.

[23] The ATLAS Project. http: //europa. eu. int/comm/energy _ transport/atlas/homeu. html.

[24] National Research Council. Laying the Foundation for Space Solar Power: An Assessment of NASA'S Space Solar Power Investment Strategy, Washington, D. C. 2011.

第2章 太阳能发电卫星发展现状

2.1 SPS 的特征

2.1.1 基本概念

SPS 的概念非常简单，它被设计为一颗在地球同步轨道（GEO）上运行的、作为发电站的巨大卫星，见图 2−1。SPS 主要包括三部分：将太阳能转换成直流电的太阳能收集器、将直流电转换成微波的发射机以及将微波传送到地面的大型天线。太阳能收集器可以是太阳能光伏电池或太阳能热发电；直流电到微波的发射机可能是微波管系统或者半导体系统，也可以是它们的组合；第三部分是巨型

图 2−1 太阳能发电卫星（概念图）

（©RISH，京都大学）

天线阵，波束的控制精度必须高于 0.000 5°。

　　SPS 系统由空间段和地面接收站组成。地面接收站使用一种被称为整流天线（Rectenna）的装置来接收和整流微波波束。整流天线系统将微波转换成直流电，并且接入到现有电网中。获得的电力也可以转换成其他形式的能量，如氢能。

　　与地面上的光伏系统相比，SPS 系统具有更高的发电效率。SPS 位于太空中，运行在地球同步轨道。由于没有大气的吸收，空间太阳能的辐射密度要比地面太阳能的辐射密度高出 30%，而且不受气候条件的影响，可以一天 24 小时进行利用（除了春分点和秋分点附近的 42 天存在阴影，最大阴影期约为 70 分钟，如图 2－2 所示）。由于阴影期的发生可以准确地进行预测，所以不会对地面电网造成

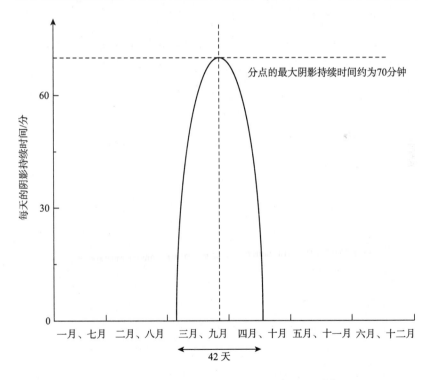

图 2－2　每天的阴影持续时间随时间的变化[2]

破坏。假设地面上单位面积的平均光照能量为 4 kWh/ (m² /d)[1]，那么空间太阳能光照总量约为地面平均太阳光照能量的 8 倍。即使 SPS 系统只有 50% 的微波能量转换传输效率，所获得的能量也为地面平均值的 4 倍。对于地面太阳能发电系统，为了实现 24 小时连续供电，需要考虑蓄电系统的效率（前面假设蓄电系统的效率为 100%）和成本，空间太阳能与地面太阳能的能量比值将会变得更高。SPS 系统存在的问题是传输的微波能量可能对现有通信网络和生态系统产生影响。

2.1.2　不排放 CO_2 的清洁能源

在表 2-1[3] 中，对于 SPS 所产生的每度电所产生的 CO_2 排放量与各种化石燃料和核电进行了比较。化石燃料发电系统运行中产生的 CO_2 主要来自于燃料的燃烧，核电站运行中所产生的 CO_2 主要来自于生产核燃料所消耗的能源，SPS 在运行过程中的 CO_2 排放几乎为零。因此，SPS 系统产生每度电的 CO_2 排放量比核电还要低。

表 2-1　几种发电系统 CO_2 相对排放量的比较 （g CO_2/kWh）

发电系统	运　行	建　造	总　计
SPS	0	20	20
煤电	1 222	3	1 225
石油发电	844	2	846
液化天然气发电（LNG）	629	2	631
核电	19	3	22

人类需要开发一种大规模的清洁能源用于经济的可持续发展，同时尽可能地减少 CO_2 的排放。然而，从目前来看，只有空间太阳能技术可以提供这样的大规模清洁能源。地面太阳能、风能、地热能以及其他自然资源都依赖于环境条件，既不稳定也不充足。

2.1.3 与地面光伏电站的比较

人们可能会将具有相同面积地面整流天线的空间太阳能发电系统与具有相同面积的地面光伏阵列系统的输出功率作比较[4]。假设地面平均光照量为每天 5.7 kWh/m²[5]（选择美国亚利桑那州的菲尼克斯或者内华达州的拉斯维加斯），假设平均光电转化效率为 10%。另外，假设在相同的占地面积下，SPS 接收天线的输出电力与地面光伏阵列系统的输出电力相同。

地面光电系统的建造成本较低，而且可以被安装在屋顶上，如安装在工厂、大型购物中心以及停车场的上方，不会影响建筑的其他用途。由于地面光电系统直接将光能转化成直流电，不必担心微波辐射的影响，不会受到微波频谱占用的影响，也不存在对夜空影响的担心。而空间太阳能电站系统为了获得公众的接受，需要开展更多的有关微波暴露对植物、鸟类和动物影响的研究。但是，地面太阳能系统的电力输出受到昼夜和季节性光照变化的影响。某种程度上，这种变化应当与当地的电力需求相匹配。为了满足基础负载电力需求，必须增加电能存储系统。

无论光伏电池具有多么高的转化效率和低廉的成本，都不能克服其主要问题，即地面太阳能电池板的发电依赖于光照[6,7]。地面光电系统只能在太阳照射的情况下工作，而且只有在没有云层遮挡的白天，才能以额定功率工作。因此，如果没有能量储存系统，地面光伏发电系统将是间断的、不可靠的。如果期望一年 365 天、一天 24 小时都能收集太阳能，并且容易地将这些能量传输到全球任何地区，就需要发展地面能量储存技术、或者发展另外的发电方式，SPS 系统提供了这样的一种可能。SPS 系统的另外一个优点是，由于没有大气层吸收太阳光，使得到达光伏电池的光照总量增加了大约 30%。这种几乎连续的可用性以及较高的电力输出能力表明，SPS 作为一种基础负载能源是可靠的。

在全光照情况下，地面太阳光照强度约为 1 kW/m²，对应 24 小时的能量为 24 kWh/(m² · d)。对于地面太阳能发电系统，假设作为基础负载利用，需要考虑存储系统因素，就需要非常大的太阳能电池面积，具体分析如下：

（1）为了保证能量存储系统在雨天后还能够供电，需要考虑最小的光照条件。

（2）给出一个例子。图 2-3 表示了美国各地的最小光照强度，数值已经考虑了双轴跟踪太阳方式，如果只考虑平板水平布置形式，则情况更为恶劣。假设光照量为 2 kWh/(m² · d)，为了获得 24 kWh/(m² · d) 的能量，需要存储的能量为 22 kWh/(m² · d)。

（3）如果能量储存效率假设为 80%，则需要储存的能量为 28（＝22/0.8）kWh/(m² · d)。

（4）为了在 2 kWh/(m² · d) 的光照条件下储存 28 kWh/(m² · d) 的能量，需要的太阳能电池面积（（28＋2）/2））为全光照正常情况下的 15 倍。

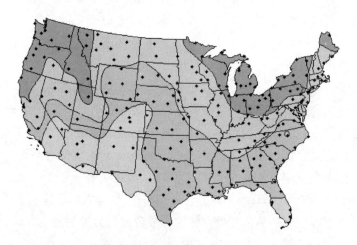

图 2-3　双轴跟踪平板的最小光照月（12月）条件[8]

为了利用地面光伏系统作为基础负载供电系统，如果光照强度为 2 kWh/(m² · d)，则需要全光照正常情况下的 15 倍电池面积，这会大大增加成本，图 2-4 给出不同光照强度下的面积比率。

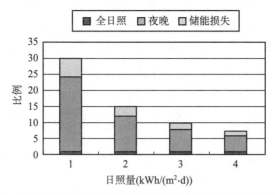

图 2—4 地面太阳能发电系统用于基础负载所需的太阳能电池面积

空间太阳能电站系统地面整流天线的维护比较简单、所需费用也较低。GEO 卫星在空间对太阳定向，由于与地球保持相对稳定的位置，不需要地面接收天线对波束进行跟踪。因此，地面整流天线没有运动部件，不会增加维护成本。到达整流天线的大约 80％的太阳光能够穿过天线阵列到达地面，整流天线所占的地面也可以用于其他用途。

整流天线的能量转换效率非常高，地面接收微波能量的 80％可以被转换成电能。微波波束中心的最大能量密度约为沙漠正午测到的光照能量密度的 1/10，在整流天线以外的区域，波束密度低于安全标准。因此，到达整流天线的 SPS 传输能量密度只是入射太阳能量密度的一小部分。

2.1.4 经济性

SPS 基准方案存在 4 个技术难题[9]：PV 模块成本、微波能量传输（MPT）效率、太阳能发电模块和传输系统的功率质量比，以及发射成本和替换部件的维护成本。事实上，MPT 效率和系统的功率质量比完全是技术问题。SPS 的发展目标是整个 MPT（直流－微波－直流）系统的效率达到 50％，发射成本降为 150 ＄/kg，空间组件的功率质量比达到 1 kg/kW。SPS 的成本估算是基于这些设定的目标，如果这些目标能够达到，估算得到的 SPS 发电成本约为 0.1～0.2 \$/kWh。由于 MPT 的技术进步对于降低 SPS 的成本是最有效的，因此必须发展新型的无线电技术，也应进一步探讨是否将成本问题看作是放弃 SPS 研制的最重要原因。为了社会的可持续发展，有必要投资研发这样一种清洁的新型能源系统。

对于新技术，尤其是无线电技术的持续研究是非常必要的。

2.2　SPS 系统

在整个 SPS 系统中，光伏电池的输出电能被转换成微波，再传输到地面整流天线系统，并转换成直流电。微波传输天线阵列的孔径可以根据一些独立的参数进行设计，如微波频率和天线单元间距。地面整流天线的大小依赖于传输天线的尺寸和波束收集效率。假设空间段的电—微波转换效率是 70%，地面接收天线的波束收集效率是 90%，地面段的微波—电转换效率是 80%，那么，从直流电（太阳能电池板的输出）到直流电（整流天线系统的输出）的整个效率大约为 50%。

Fetter[10] 总结到："SPS 能够比地面太阳能阵列产生更便宜电力的可能性非常小，对于这一概念的任何投资和发展都是不明智的和没有保障的。"然而，对于这一观点的相反意见由 Smith[11] 在同一刊物上发表。

2.2.1　空间段

SPS 的空间段包括太阳能电池、射频电路和天线、一个用于导引信号的传感器、一个用于波束形成和重定向的控制单元以及供电电路。1 GW SPS 系统的典型尺寸如下：太阳能电池板的面积大约是 10 km² (2 km×5 km)，太阳能电池转换效率为 15%，可以产生 2 GW 的直流电。对于发射天线阵，直径一般是 1 km。根据波束收集效率的要求来确定发射天线的孔径分布，如均匀外形或高斯外形。

假设 5.8 GHz 天线单元间距为 0.75λ＝3.8 cm，微波辐射器质量密度为 2.69 g/cc，包括 160 个天线单元，按这种设计，发射天线质量密度为 9.6 kg/m²。

2.2.2　地面段

对于微波频率为 5.8 GHz、发射天线直径为 1 km 的情况，典型的接收整流天线的直径约为 4 km。在这种情况下，接收天线可以收集到 93％的传输能量。假设发射天线微波呈高斯功率分布，则整流天线的最高微波功率密度为 27 mW/cm²，且波束密度为不均匀分布，整流天线中心的强度较高，外围的强度较低，如图 2－5 所示。各个国家大多将人体安全暴露微波功率密度设定为 1 mW/cm²，接收天线外围的功率密度满足这一安全性要求。

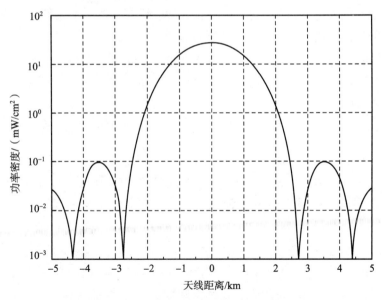

图 2－5　整流接收天线的典型功率密度特征
（1 km 直径 TX 天线，10 dB 高斯型功率分布）

2.3　SPS关键技术

2.3.1　发射和运输

SPS是运行在地球同步轨道上、质量达万吨以上的巨型空间电站，它要比目前近地轨道（LEO）上的国际空间站大100倍。因此，为了使SPS能以合理的成本从空间向地面提供电力，需要能够低成本发射、并能运输大型结构的运载工具，如SpaceX公司的商用猎鹰-9，或者其他的私营商用运载工具。欧洲的阿里安-5、日本的H-2A和美国的宇宙神-2AS可以分别运送18吨、10吨和8.64吨的有效载荷到达LEO。阿里安-5和宇宙神-2AS的发射成本（1994财年）分别是1.18～1.3亿美元和1.1～1.42亿美元，中国的长征运载火箭可以更加经济。然而，建造SPS是一个长期的任务，不能依据目前的运载火箭来估计成本。

对于SPS的发射和建造，需要研制两种运载工具。一种是可重复使用运输器（RLV），能够以合理的低成本将大型结构送入LEO，并在那里进行组装工作；另一种是轨道转移运输器（OTV），可以将SPS从LEO运送到GEO。这两种火箭技术对于实现SPS系统是必需的。

2.3.1.1　地面发射进入LEO

在美国国家航空航天局（NASA）的参考系统中，考虑了两种运输系统[12]：重型运载火箭（HLLV）和载人运载火箭（PLV），NASA考虑使用甲烷（CH_4）和氧气（O_2）作为推进剂。他们设想HLLV的发射总质量是11 040吨，到LEO的有效载荷运载能力为424吨。一个日本研究组织设想了两种运输系统并模拟了一个发射周期[13]。一种是可以运输50吨有效载荷进入LEO的运输系统，另一种是可以运送500吨有效载荷进入LEO的运输系统。由于日本第一个SPS概念的质量是29 000吨，因此，一年内需要58次发射以运送建造一个SPS所需的所有材料。

为了实现 SPS，需要发展一种可以运送更重的材料到达 LEO 的新型火箭。已经开始对未来几代运输系统进行研究[14]，见图 2-6，这些研究工作并没有考虑 SPS 发展计划。SPS 需要第 2 代或第 3 代 RLV 来实现以较低的成本在空间进行发电。

可重复使用运载器

目前：航天飞机
第一代RLV
● 轨道科学平台
● 卫星维修
● 卫星部署

2010：第2代RLV
● 空间运输
● 交会、对接、乘员转移
● 其他在轨运行
● ISS轨道科学平台
● 成本降低90%
● 安全性提高100倍

2040：第4代RLV
● 定期乘客空间旅行
● 成本降低99.9%
● 安全性提高2万倍

2025：第3代RLV
● 开辟新市场
● 多个平台/目的地
● 成本降低99%
● 安全性提高1万倍

图 2-6　美国提出的未来运输系统

2.3.1.2　从 LEO 到 GEO 的运输

SPS 被设想在 LEO 上进行组装，然后通过太阳能电推进轨道转移器（EOTV）运输到 GEO。为此，在 SPS 概念与技术成熟（SCTM）计划中，专门设计、建造并测试了一个高功率磁等离子体（MPD）推进器，SCTM 计划是美国在 2001 财年开展的 SPS 研究计划[15]。NASA 的格伦研究中心研制了 50 kW 级的推进器，用于建造 SPS。世界上也研制了许多离子推进器用于其他目的。2003 年 5 月 9 日，日本将隼鸟号探测器送入了深空，探测器使用了一个微波放电离子发动机系统"μ10"。隼鸟号探测器离子推力器的累计工作时间创造了世界纪录[16]。

为了以较低的成本建造 SPS，应该考虑的一个解决方案是进入 LEO 的重型运输系统和使用 EOTV 从 LEO 进入 GEO 的组合方案。这一组合方案的确定，是基于对太阳能电池受辐射带影响而造成的效率降低的评估，见图 2-7，以及空间碎片对 SPS 系统损害的影响评估，见图 2-8。从地球到 GEO 的发射成本要远高于从 LEO 到 GEO 的成本。EOTV 存在的问题是运输速度慢，通常 EOTV 从 LEO 运送材料到 GEO 的时间大约为半年到 1 年多。因此，采用 EOTV，载荷处于辐射带和空间碎片中的时间要远远长于采用 RLV。与空间碎片的撞击率取决于暴露的时间和有效载荷的大小，而太阳能电池效率的降低取决于暴露的时间和太阳能电池的剩余系数。通过模拟分析运输系统和太阳能电池效率下降之间的关系，获得了下面的结果[17]。

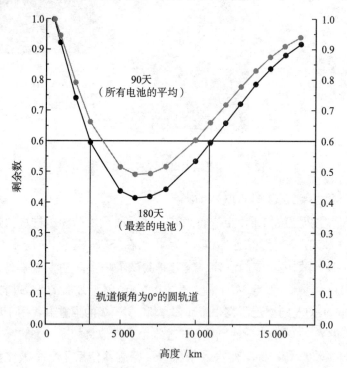

图 2-7 轨道高度对剩余系数（6 个月过程中太阳转化效率的降低）

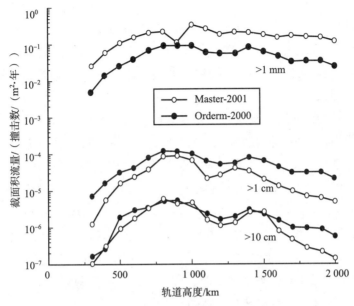

图 2—8　2 000 km 以下的空间碎片量（轨道倾角 0°，AD2030）

（1）空间太阳能电站系统（SSPS）材料，不包括薄膜电池，由可重复使用的高推力轨道运输器（HOTV）以及太阳能电推进轨道转移器（EOTV）运送到 GEO，并在 GEO 进行组装。薄膜电池由 HOTV 在较短的时间内被运送到 GEO，以避免电池性能下降。在完成到 GEO 的一个来回后，可重复使用 EOTV 的太阳能电池帆板将被用尽。所以，在一个往返后 EOTV 上的电池剩余系数必须超过 0.6。通过对非晶硅电池 1 MeV 电子辐射测试，结果表明，在 $5 \times 10^{15}/cm^2$ 通量下，电池性能才会有较大衰减[18]。而在 GEO 上 30 年累计的通量大约是 $1.5 \times 10^{15}/cm^2$，可见非晶硅电池是可行的。

（2）如果提高在 GEO 10 年后的剩余系数，运输大量材料到达较近地轨道的 RLV 数量就可以降低，当 GEO 10 年后的剩余系数在 0.93～0.94 之间时，总 RLV 运输量变化不大，我们称之为"关键剩余系数（CRF）"，因为 EOTV 的高比冲量效果补偿了电池衰减的影响。如果实现了大于关键系数的剩余系数，最适宜从 500 km 的高度启动 EOTV。

（3）实践表明，如果仅考虑剩余系数因素[19]，铜铟镓硒（CIGS）太阳能电池可以在空间具有非常长的寿命。因此通过使用 CIGS 电池，可以使由辐射导致的性能衰减降为最小，但是铟和镓资源比较稀缺。

（4）如果薄膜硅电池的性能衰减特征不能得到改进，HOTV 就要求使用比冲超过液氧/液氢（LOX/LH$_2$）发动机的推进系统，太阳能热推进以及激光推进都是候选方案。对于太阳能热推进轨道运输器（SOTV）、激光推进轨道运输器（LOTV），最小的 RLV 运输量在 8 000 km 高度是 2.04 m$_{req}$，在 9 000 km 高度是 1.68 m$_{req}$[20]。

（5）为了将碎片撞击的频率减小到安全的范围，组装高度应该超过 3 000 km，而且为了避免电池性能的衰减，SPS 不应该在 3 000 km 到 11 000 km 的高度间组装。因此，组装高度只限于 11 000 km 以上，在 GEO 进行组装是合适的。

要建造 SPS 系统，必须研制一种经济的大型运输系统。

2.3.2　太阳能发电系统

要实现一个商业化 SPS，必须解决下列三项与太阳能电池相关的技术问题：

（1）减轻质量；

（2）降低成本；

（3）大规模生产的可行性。

2.3.2.1　高效率太阳能电池

在 NASA 的参考系统[12]中，研究并采用了硅和砷化镓太阳能电池。假设在 AM0[21] 和 28℃ 条件下，硅和砷化镓太阳能电池的效率分别是 17.3% 和 20%。

厚膜太阳能电池的理论效率极限为 20%，但它们比较重。相对的，用于空间应用的非晶硅（a-Si）或 CIGS 薄膜太阳能电池在质量上将会更轻，尽管效率比厚膜太阳能电池要低[22]。CIGS 电池具有一个非常大的优点，即太阳能电池效率衰减的剩余系数接近于 1[23]。

II－V 族元素可以代替非晶硅，用于太阳能电池。特别在美国"Fresh Look"研究计划后，SPS 研究人员广泛研究了结合聚光器使用的小型 III－V 族元素电池[24]，其主要优点是电池的效率较高、质量轻，但需要超过几百倍的聚光率。

另一方面，聚光器是非常重要的。目前大多数 SPS 模型都采用了夹层式结构方案，一面为太阳能电池板，另一面为微波发射天线。在这些模型中，由于太阳能电池的面积有限，需要采用聚光技术。聚光器将在实现双重定向中起到关键作用，即太阳能电池指向太阳、微波发射天线指向地球。

2.3.2.2　大规模生产的可行性

单个 SPS 卫星需要超过 1 GW 的太阳能电池。2001 年，世界生产的用于地面使用的太阳能电池总量是 391 MW，2004 年是 1 194 MW，见图 2－9，太阳能电池产量增长率非常高。目前，单晶

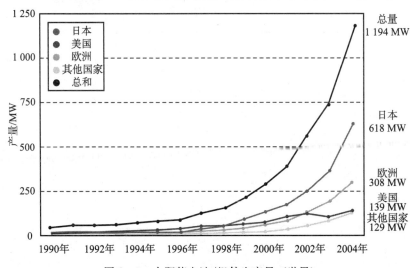

图 2－9　太阳能电池/组件生产量（世界）

（来源：PV News，2005 年 3 月）

硅和多晶硅太阳能电池占总产量的 80％，见表 2－2。到 2010 年，
CIGS 和非晶硅薄膜太阳能电池将成为主要的产品。图 2－10 和图
2－11给出了大规模生产、太阳能电池产量与成本的相关信息。

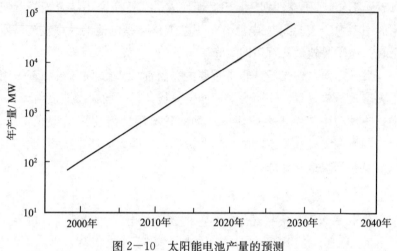

图 2－10　太阳能电池产量的预测

（来自国家能源开发办公室（日本）NEDO 网站）

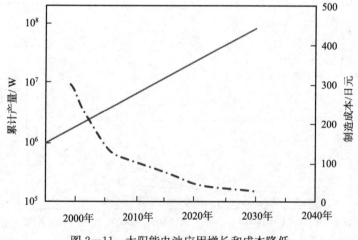

图 2－11　太阳能电池应用增长和成本降低

（来自 NEDO 网站）

表 2—2　按电池技术分类的太阳能电池/组件产量（2003 年）

技　术	产量/MW					比例/%
	美国	日本	欧洲	其他	总数	
多晶	13.42	271.23	114.5	60.65	459.8	61.79
单晶平板	68.0	44.17	71.15	17.15	200.47	26.94
单晶和多晶总量	81.42	315.40	185.65	77.80	660.27	88.73
非晶硅	7.1	0.01	7.7	3.0	17.81	2.4
非晶硅室内应用	0.0	5.0	0.0	3.0	8.0	1.0
非晶硅总量	7.1	5.01	7.7	6.0	25.81	3.4
晶硅集中器	0.7	—	—	—	0.7	0.1
带状硅	6.8	—	—	—	6.8	0.9
碲化镉室外	3.0	—	—	—	3.0	0.4
铜铟镓二硒	4.0	—	—	—	4.0	0.54
微晶硅/单硅	—	13.5	—	—	13.5	1.82
低成本基片上的硅	0.0	—	—	—	0.0	0.0
Cz 薄片上的非晶硅	—	30.0	—	—	30.0	4.0
总计	103.02	363.91	193.35	83.80	744.08	99.89
总计室内用途（8.0 非晶硅＋1.5 碲化镉（CdTe））					9.6	
总产量					734.48	

2.3.2.3　太阳能热发电

与光伏发电相比，由于具有更高的效率且更为紧凑，太阳能热发电在未来可能更具有潜力。但是必须要解决高精度太阳指向、聚光、散热和长寿命技术。初期的空间太阳能电站将采用光伏发电方式，太阳能热发电技术在成熟之后也可能得到应用。

在热发电技术中，布雷顿热发电技术是最有可能实现的技术，也得到了最多的研究。通过 NASA 为国际空间站的发电系统所开展的太阳能热发电技术研究表明，该项技术是可行的[25,26]。Brayton 循环系统通过涡轮、压缩机和旋转交流发电机，利用惰性工质流体发电，并利用涡轮出口和接收器入口的热交换器提高循环效率。单元转化效率为

28%，系统转化效率在目前技术状态下可以达到17%[27,28]。

另一方面，组合了静态热电转化装置的高效系统也得到广泛的研究[29,30,31]，这种系统具有更长的寿命和更好的抗辐射特性。热电发电和碱金属热电转化（AMTEC）组合装置具有代表性，可以用于大型载荷（如SPS）轨道间运输器的供电系统。

2.3.3　热控技术

最近，SPS设计人员已经意识到热控技术的重要性。由于最新的SPS模型都采用了具有聚光器的方案来减少太阳能电池的质量，而且采用了太阳能电池—微波夹层式系统模块来减少较重的导线，在有限电池面积上的高功率输入引起了聚光器和夹层式模块的散热问题。在NASA/能源部（DOE）设计的参考系统中，太阳能电池背面装有大型热辐射器以解决散热问题。热控技术是SPS系统设计中的关键问题。

图2—12表示了在普通热辐射器情况下，聚光率和太阳能电池

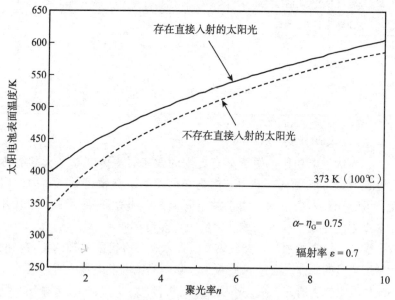

图2—12　太阳聚光率和太阳能电池的平衡温度[32]

（α—太阳光吸收率，η_G—太阳能电池的效率）

表面温度间的关系。聚光率 $n=2$，表明太阳光输入比正常太阳光输入大 1 倍。一般来说，太阳能电池必须工作在 373 K。SPS 系统要求太阳能电池的质量更轻、尺寸更小，以降低运输成本。但图 2—12 显示的结果表明，聚光率受到太阳能电池温度的限制，也意味着太阳能电池阵的小型化受到限制，我们必须研制一种新型的热辐射系统以允许太阳能电池上能够聚集更多的太阳光。

皮、作为一种解决方案，日本提出了利用覆盖具有波长选择功能的表面材料来减少热量输入。图 2—13 表示了波长选择的概念。简单说就是反射多余的辐射，使其不能到达太阳能电池。因此，太阳能电池工作的温度可以更低，效率也更高。

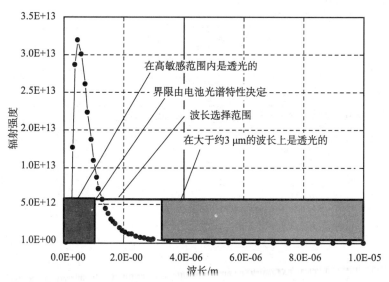

图 2—13　太阳和太阳能电池之间的一组滤光器的影响[33]

在图 2—14 中，对三种候选的表面类型进行了测试，1 型、2 型、3 型分别代表非晶硅（a-Si：H）、碲化镉（CdTe）和铜铟硒（CIS）类型的太阳能电池。在这项研究中，考虑了太阳发电量子效率高于 0.5 的方法，并将这三种类型的发电效率设定为 15%。

图 2—15 研究了太阳聚光率对每种类型电池的影响，均通过热

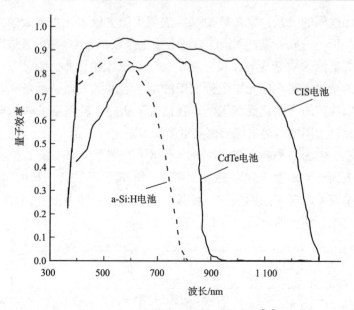

图 2-14 太阳能电池的光谱敏感度[34]

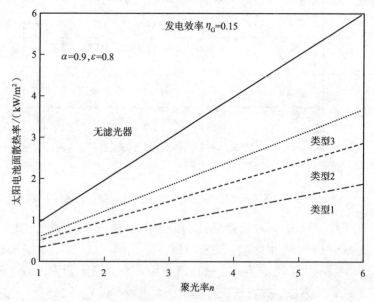

图 2-15 太阳聚光率与散热率的关系（使用滤光器）[33]

辐射从太阳能电池板上排散多余的热量。类型 1 对应的结果表现得特别有效，与没有光谱选择的情况比较，类型 1 对应的排散热量减小到 32％；对于类型 3，排散热量仅减小到 60％。如果没有聚光器，太阳能电池板散热量大约是 1 kW/m²。应用类型 1 时，散热量大约是 0.32 kW/m²；应用类型 3，散热量大约是 0.60 kW/m²。可以发现，对于类型 1，当采用波长选择时，可以消除 6 倍聚光产生的热量；不采用波长选择时，只能消除 2 倍聚光产生的热量。

2.3.4　微波能量传输

2.3.4.1　SPS 的 MPT 系统参数

在 SPS 的 MPT 系统中，需要采用高效率的巨型相控阵天线。由于 SPS 发射天线总处于运动和摆动的状态，必须采用相控阵天线将微波波束控制指向地面上很小的 0.000 5°范围内的整流天线目标。考虑到经济原因，能量在转换和传输过程中不能出现过大的损耗。日本通过对于经济方面的分析[35]，给出了几千米的最佳发射相控阵列尺寸，以及 2.45 GHz 下几吉瓦的最佳微波功率。基于同样的考虑，包括移相器、电源电路和隔离器中的损耗在内的所有损耗，直流射频转换效率应超过 80％。波束收集率，即整流天线区域接收的微波能量与发射天线发送的微波能量的比率，假设为 90％。大气层的吸收低于 2％[12]。对于成本估算，发射天线的重量也是一个重要的参数。为了降低运输成本，包括微波发生器/放大器、移相器和天线，MPT 系统的重量功率比必须低于几十克/千瓦。

表 2-3 给出了 MPT 系统的一些典型参数。几乎所有的 SPS 设计中，都在发射天线上采用了一个振幅锥度来提高波束收集效率并降低旁瓣水平，典型的振幅锥度是 10 dB 高斯，采用这样的锥度，发射天线中心的功率密度比边缘大 10 倍。

表 2—3　SPS MPT 系统的典型参数[36]

模　型	以前的 JAXA 模型	JAXA1 模型	JAXA2 模型	NASA—DOE 模型
频率	5.8 GHz	5.8 GHz	5.8 GHz	2.45 GHz
发射天线的直径	2.6 km	1 km	1.93 km	1 km
振幅锥度	10 dB 高斯	10 dB 高斯	10 dB 高斯	10 dB 高斯
输出功率（向地面传播）	1.3 GW	1.3 GW	1.3 GW	6.72 GW
中心的最大功率密度	63 mW/cm²	420 mW/cm²	114 mW/cm²	2.2 W/cm²
边缘的最小功率密度	6.3 mW/cm²	42 mW/cm²	11.4 mW/cm²	0.22 W/cm²
天线间距	0.75 λ	0.75 λ	0.75 λ	0.75 λ
每个天线的功率（单元的数量）	最大 0.95 W（35.4 亿）	最大 6.1 W（5.4 亿）	最大 1.7 W（19.5 亿）	最大 185 W（0.97 亿）
整流天线直径	2.0 km	3.4 km	2.45 km	10 km
最大功率密度	180 mW/cm²	26 mW/cm²	100 mW/cm²	23 mW/cm²
收集效率	96.5 %	86 %	87 %	89 %

2.3.4.2　微波发生器和放大器

微波辐射产生技术对于 SPS 系统是极为重要的，应当具有高效、低噪声以及可接受的重量功率比。微波发射机通常使用 2.45 GHz 或 5.8 GHz 的工业、科学和医疗波段（ISM）。有两种类型的微波发生器和放大器，一种是微波管，另一种是半导体放大器，它们具有不同的电特性。微波管，如微波炉使用的磁控管，可以产生并放大高功率微波（超过千瓦），需要较高的工作电压（超过千伏），而且价格低廉；半导体放大器可产生低功率微波（低于 100 W），工作电压较低（低于 15 V），还非常昂贵。目前有一些关于微波转换和放大效率的讨论，微波管具有较高的效率（超过 70%），而半导体效率较低（低于 50%）。MPT 系统的质量对于降低 SPS 的运输成本非常重要，采用质量功率比（kg/kW）指标对它们的质量进行比较可以看出，微波管的比质量要比半导体放大器小，因为微波管可以产生和放大更高功率的微波。下面对这些微波发生器和放大器的详细研究结果进行介绍。

（1）可进行相位和振幅控制的磁控管

适合于太阳能发电卫星无线能量传输的微波管是磁控管。磁控管被广泛应用于微波炉中，是相对便宜的振荡器（低于 5 美元）。全球所有微波炉中使用的磁控管的总容量达到 45.5 GW。只有磁控管能够满足 SPS 系统对于制造能力的需求。然而，微波炉磁控管不能直接用于 SPS，因为它只是一个发生器，不能控制或稳定相位和振幅，这意味着不能使用微波炉磁控管建造 SPS 相控阵天线。

一些科学家注意到了磁控管的优点：廉价、高效（超过 70%）、低噪声以及大功率质量比。微波炉磁控管被看作是噪声装置，然而，已经证实具有稳定直流电源的微波炉磁控管的杂波辐射是非常低的，可以被应用到 MPT 系统[37]，高次谐波的峰值低于 - 60 dBc，而其他的杂波辐射低于 - 100 dBc。微波炉所用类型的磁控管在锁相环中被用作一个电压控制振荡器[38,39]。这些论文中提出的方法的区别是如何控制磁控管的相位。日本京都大学已经研制出利用相位和振幅控制的磁控管[40]，并成功实现在 2.45 GHz 和 5.8 GHz 上利用相位控制磁控管控制相控阵的波束方向[41]。他们也研制了一种轻型相位控制的磁控管，称为紧凑型微波发射机（COMET），其质量功率比低于 25 g/W[42]，见图 2-16。COMET 包括一个直流/直流（DC/DC）

图 2-16　由 12 个 2.45 GHz 的相位控制磁控器组成的相控阵

转化器、5.8 GHz 相位控制磁控管的控制电路，一个热辐射电路、波导以及天线。在所有微波发生器和放大器中，COMET 的功率质量比是最大的。

（2）行波管放大器（TWTA）

TWTA 是一种高增益微波放大器，被广泛用于电视广播卫星和通信卫星上，具有可靠的空间运行记录。在 1980 年，由于其效率较低，约为 30%，没有作为 SPS 计划的主要候选对象。但近些年，行波管（TWT）采用了一种称为速度渐变能量回收的技术[43]，其净转换率已经增长到约 70%，见图 2—17[44]。

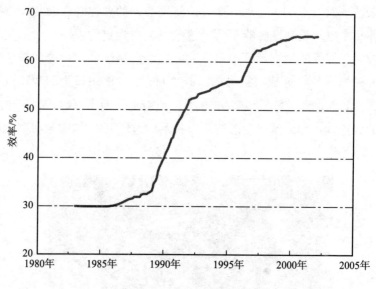

图 2—17　TWTA 效率趋势

TWTA 具有下面的空间应用记录：

1）在频率 2.45 GHz、功率 220 W 的情况下，质量为 2.65 kg（TWTA 重 1.5 kg，电源重 1.15 kg）。

2）在频率 5.8 GHz、功率 130 W 情况下，质量为 2.15 kg（TWTA 重 0.8 kg，电源重 1.35 kg）。

因此，质量功率比可以分别达到 12 g/W 和 16.5 g/W[45]，但未包括热辐射电路、波导和天线。

TWT 的发展趋势是包含一个微波功率模块（MPM）和一个相控阵的 TWT。MPM 组合了 TWT、半导体放大器以及现有电源技术，形成一个器件，由于其转换效率高、体积小、质量轻，这使得 MPM 成为空间应用的一个很好的候选对象。

（3）速调管

速调管可以输出非常高的功率（几十千瓦到几兆瓦），但是它需要配备一个非常重的电源（需要较重的磁体）。因为速调管的转化效率高（76%，如果只考虑器件本身）、有较低的谐波发射以及适度的质量，NASA/DOE SPS 模型选择了速调管作为微波发生器件。速调管经常被用于上行链路（地面站向在轨卫星传输）。商用速调管可以在 2.45 GHz 产生 80 kW 的功率，质量功率比大约是 100 g/W。在 C 波段，商用速调管可以产生 3.2 kW，但需要一个 34 kg 的装置（永磁体）和一个 135 kg 的电源，质量功率比可以达到 40 g/W*。但是，相比于磁控管和半导体放大器，在最近的 SPS 研究中并没有考虑采用速调管。

（4）半导体放大器

1980 年，半导体放大器并不是 SPS 的重点选择对象。然而，在最近的 SPS 研究中，它正成为有前景的 MPT 器件。世界上的通信系统中广泛地应用了半导体放大器，相关方面的研究者和用户的数量都很多。在半导体器件、电路和系统方面研究的支持下，此技术正在稳步发展。

几乎所有的半导体放大器技术都用于通信，因此，必须从 MPT 的角度分析它们的特点。表 2—4 中给出了空间应用的各种发射机的典型指标[46,47]。通常 2 GHz 到 4 GHz 间的频谱区域被称为"S 波段"。在所有事例中，似乎半导体发射机的质量更轻，但进一步的研究表明，考虑到能够传送到天线的实际微波功率，半导体发射机就非常重了。

---

* 质量功率比应为（34＋135）/3.2＝52.8 g/W，原书为 40 g/W——编者注。

表 2—4　空间应用半导体微波发射机的指标

卫星	ETS—6	NSTAR	INT—7	JCSAT—3	Ref[48]	Ref[49]
效率	31%	36%	29%	40%	45%	40%
输出	14 W	40 W	30 W	34 W	60 W	111 W
质量	1.2 kg	2.5 kg	1.7 kg	1.9 kg	1.9 kg	1.9 kg
比质量	85 g/W	63 g/W	57 g/W	56 g/W	31 g/W	17 g/W
频率	2.5 GHz	2.5 GHz	4 GHz	4 GHz	4 GHz	2.5 GHz

半导体放大器的另一个问题是效率。一些研究报告指出,半导体放大器可能实现 54% 的 PAE(功率附加效率 $= (P_{out} - P_{in})/P_{DC}$),在 5.8 GHz 频率,其效率约为 60%,这些是实验室中的数据。半导体放大器要求可进行大规模生产,以及具有高的转化效率,包括电源电路的效率、隔离器和电路的效率,如果最后一级增益不够,也要考虑激励级的效率。尽管目前半导体的成本比较高,但由于可用于 SPS 的半导体器件正在不断研发中,所以将来可通过大规模生产降低成本。因此,为了满足制造轻型、小型以及高效率发射机的要求,将磁控管与半导体器件相结合的方案比较具有吸引力。应用于 MPT 的半导体放大器的另一个要求是线性放大。通常在饱和水平上可获得最大效率,但并不能保证在输入和输出微波间的线性关系。非线性会引起严重的谐波,在 MPT 中必须被抑制,因此,效率与线性间的相互制约关系的解决,对于 SPS 的 MPT 是非常必要的。

半导体放大器的一个发展趋势是研制具有更高输出功率和效率的新型半导体器件。最近已经研制并改进了许多先进的固态器件,如宽禁带器件氮化镓(GaN),尤其是在较低的 2.4 GHz 和 5.8 GHz 的微波频率上有较大的功率输出。为了解决 SPS 微波发射部分的发热问题,基本要求是电路具有高效率以及高功率。急需开发出一种采用新型器件的创新电路技术,同时满足高功率和高效率的需求。

半导体放大器的另一个发展趋势是研制微波单片集成电路(MMIC)来减小尺寸和质量,尤其对于移动应用,利用 MMIC 器件可以制造出更轻的发射机。然而,MMIC 器件依然存在散热、低效率以及低功率输出的问题，通过大量工程师的努力，这些技术问题有望得到解决。

目前还没有明确最佳的微波发生器/放大器，混合系统可能是一种解决方案，即在阵列中心使用高功率微波管、在阵列边缘使用低功率半导体放大器，或者使用类似 MPM 的混合放大器。由于实现 SPS 仍是一个长期的过程，继续开展基础研究，并对每个器件进行研发依然非常重要。同时，微波能量传输必须满足一定的噪声要求，以避免与相邻频率的有害干扰。

2.3.4.3　天线

在 SPS 的概念设计中已经考虑了各种类型的天线，天线类型的确定与微波发生器和放大器相关。NASA/DOE 的 SPS 模型采用了一个使用速调管的波导隙缝天线。日本的实验型 SPS（称为 SPS 2000），采用了与半导体放大器连接的隙缝天线[50]，厚度是 37 mm，密度目标是 6.72 kg/m²。最近已经提出采用金属柱的轻型低剖面模型，只有 3 mm 或 12 mm 厚[51]。1992 年，日本提出了使用偶极子天线和反射器的 2.45 GHz SPS 模型[52]，计划将天线单元的质量从 20 g 减小到 10 g。这一系统包括 64 个单元、一个电路箱和一个热辐射器，体积和质量为 48 cm×48 cm×1 mm×2.69 g/cc=620 g，因此，可以实现 5.5 kg/m² 的质量指标。而在 5.8 GHz 所获得的性能将会很好。假设天线单元间隔 0.75λ=3.8 cm，相同的辐射器密度以及 160 个天线单元，这一设计方案可以实现 9.6 kg/m² 的质量指标。已经提出并研究了一种创新的部分驱动概念，可以极大地减少小辐射器阵列天线中驱动单元的数目[53]。

日本已经提出使用中等尺寸抛物面天线相控阵来减少单元的数量[54]。微带天线也可以用于发射天线，主要问题是介质基板的质量，天线的质量对于降低运输成本非常重要。有一种轻型天线已经被用于空间，但并不适用于 SPS。日本宇宙开发事业团（NASDA）在 Ka 波段实现了 2.8 kg/m² 的天线，其特点是包括 12 个单元（不供电）、双层、一个贴片天线、大小为 5 cm×5 cm、采用 εr=5 的玻璃陶瓷、质量为 7 g。

2.3.4.4　微波发生器、放大器及天线间的匹配

如 2.3.4.1 小节所示，优化计算得到的发射相控阵的尺寸约为直径几千米，同时微波功率应大于数吉瓦，这意味着单个天线单元的微波功率，要比一个微波管或高功率（几十瓦）半导体放大器的微波功率小得多，也意味着如果要控制波束扫描角度超过 5°而不产生栅瓣，就必须在微波发生器、放大器之后安装移相器，见图 2—18。在这种情况下，低损耗移相器的研制对于建造高效率的相控阵就显得非常重要。然而，如果仅要求微波波束扫描角度在 0.1°以内，在大子阵中就不需要使用大量的移相器，且不会产生栅瓣，移相器问题就得到了解决。解决移相器问题的另一个方法是在高损耗移相器之后使用低功率放大器，见图 2—19。

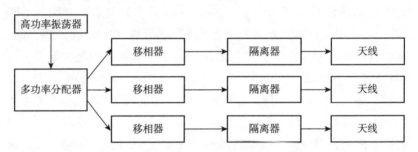

图 2—18　使用高功率微波振荡器和移相器进行微波传输，
在没有栅瓣的情况下，对微波波束方向进行大角度扫描的高精度控制[36]

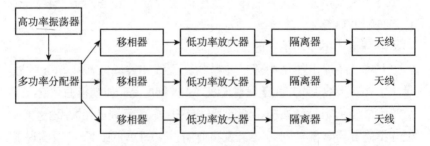

图 2—19　使用移相器和低功率放大器进行微波传输，在没有栅瓣的情况下，
对微波波束方向的高精度控制[36]

2.3.5　目标检测和波束控制

如 2.3.4 小节所述,大气层的能量吸收估计低于 2%。因此,所有发射出的微波功率都能被汇聚到地面上的整流天线区域就非常重要。目标检测和波束形成精度在增强波束收集效率上是非常重要的。

2.3.5.1　反向目标检测

在所有的 SPS 设计中都采用了反向目标检测技术,反向目标检测可以通过多种不同的技术实现[55]。最基本的反向技术的是角形反射器,见图 2—20 (a)[56]。角形反射器由垂直金属板组成,它们在顶点相接,输入信号通过反射器壁的多次反射,回到发射的方向。Van Atta 阵列[57]也是一个基本的反向技术,见图 2—20 (b)。这个阵列由多对天线组成,这些天线距离阵列中心等距离,并且使用相等长度的传输线连接,天线接收到的信号被重新辐射,重新辐射单元的顺序相对于天线阵列中心进行了反转,实现了适当的反向辐射相位调整。相位共轭阵列技术,见图 2—20 (c)。

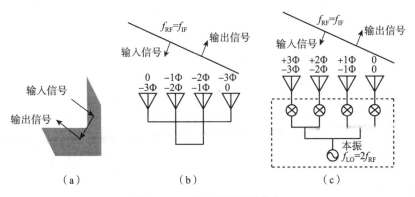

图 2—20　反向目标检测技术

通常,反向系统包括发射天线、接收天线和相位共轭电路。从目标发射的信号,例如从地面整流天线向 SPS 发射的信号被接收,并且通过相位共轭电路被重新辐射到目标方向,这一信号被称作导引信号。

　　有几种类型的相位共轭电路可以应用于通信和 SPS。加州大学洛杉矶分校（UCLA）的研究组织采用了相位共轭混频器[58]，外差混频的相位共轭使用了一个本地振荡（LO）信号，其频率是导引信号频率的两倍。在 UCLA 的系统中，导频信号的频率和微波功率波束的频率是相同的。在日本京都大学，已经研制了两种类型的反向系统[59]。一种是使用不对称的两个导引信号，$\omega_t + \Delta\omega$ 和 $\omega_t + 2\Delta\omega$，以及 $2\omega_t$ 的 LO 信号，见图 2-21（a）。另一种是具有 1/3 发射频率的导引信号，LO 信号也产生于导引信号，见图 2-21（b）。由于 LO 和导引信号波动引起的相位误差是同步的，后一种系统解决了由 LO 和导引信号波动引起的问题。日本三菱公司研制了锁相环（PLL）外差类型的反向系统，其中，导引信号和微波波束采用了不同的频率，分别为 3.85 GHz 和 5.77 GHz[60]。

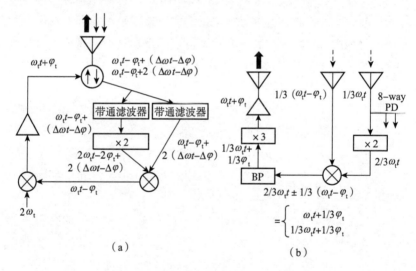

图 2-21　京都大学研制的相位共轭电路
（©RISH，京都大学）

　　这些反向系统都采用了模拟电路用于相位共轭，尽管模拟电路能够高速地控制波束，但波束只能指向单一的目标方向。然而，反向系统同时需要目标检测与波束形成。因此，如果目标检测与波束形成能相互独立，就可以控制微波能量波束至任何方向，这被称为"软件反向系统"。计算机利用导引信号的相位和振幅数据进行目标检测，并计算阵列上的最佳相位和振幅分配用于波束形成，可以应用先进的算法用于目标检测，如 MUSIC 算法。同时采用移相器取代相位共轭电路用于波束形成。日本的京都大学和美国的得克萨斯A&M 大学已经独立研制出软件反向系统[61,62]。

2.3.5.2　波束形成技术

如果 SPS 采用软件反向系统，就可以形成理想的波束，如低的旁瓣水平。可采用一些算法用于波束形成的优化，例如神经网络、遗传算法以及多目标优化学习算法。优化能够抑制旁瓣、提高波束收集效率，并形成多功率波束。可以自由选择优化目标和算法，但要考虑计算时间因素。

无论对于具有软件反向的系统的波束形成，还是具有相位共轭电路反向系统的波束形成，一个标准相位对于控制微波波束发射到理想的方向是非常重要的。如果阵列上的相位/频率标准（如 LO 信号）不同，就不能控制微波波束指向理想方向。最佳的方法是只使用一个振荡器作为具有 10 亿多个单元、大于 1 km 的相控天线阵的相位/频率标准，但这是不可实现的。比较好的方式是在多个相控阵组上使用多个振荡器，而且这些振荡器彼此同步，研究人员已经开展了一些尝试。一种方法是分离单元的无线同步，目前无线同步的精度在频率上低于 0.6×10^{-6}，在相位误差上低于 $3.5°$[63]。另一种方法是利用从整流天线区域发送的数据进行同步[64]，采用这种方法，部分阵列的相位会发生改变，从而导致在整流天线区域测量到微波波束密度的变化，这一变化给了我们关于相位校正的信息。目前，这两种方法都处于研究中。对于 SPS 来说，需要一个高精度的相位同步系统。

关于精确波束形成的另外一个重点，是抑制单元的相位、频率和振幅误差，维持较高的波束收集效率、抑制旁瓣以及减小与通信系统的干涉。计算得到的 SPS－MPT 系统中单元的相位误差要求低于 5°[65]，误差包括每一级的相位误差，具体包括目标检测、微波发生/放大器、相位同步以及移相器，还包括结构误差。对于 SPS，需要一个更精确的 MPT 系统。

2.3.6　整流天线和地面网络

SPS 系统需要一个大的接收区域，包括一个整流天线阵以及与地面上现有电网连接的网络。尽管每个整流天线单元只有几瓦，但总的接收功率大于 1 GW。地面上已有的电网功率要大得多，可以达到几百吉瓦。逐步地对于整流天线单元、阵列和网络进行研究，对于实现 SPS 系统是很重要的。

2.3.6.1　整流天线单元

"整流天线"这一名词是从"整流电路"和"天线"两个词得来的，整流天线名词及其技术是由 W. C. Brown 在 1960 年发明的[66]。整流天线接收微波能量，并将它转换成直流电。整流天线是一个包括整流二极管的无源元件，其工作不需要任何额外的电源。整流天线在天线和整流二极管间存在一个低通滤波器，以抑制高次谐波的重辐射，并且包括一个平滑输出滤波器。整流天线的天线部分有多种类型，如双极天线、Yagi－Uda 天线、微带传输线天线或者抛物面天线。一种特定的天线有着与其增益相关的有效口径，输入至整流电路的微波功率由天线的有效口径和微波功率密度来确定。整流天线也可以有多种类型的整流电路，如单分路全波整流器，全波桥式整流器，或者其他混合式整流器。电路特别是二极管，直接决定了射频－直流转化效率。以前的整流天线常使用硅肖特基势垒二极管，也有计划使用新型二极管器件，如碳化硅（SiC）和氮化镓（GaN），有望提高转化效率。

单旁路全波整流器常常被用于整流天线，包括并联在电路中的一个二极管、一个 λ/4 传输线以及一个并联的电容。在理想情况下，接收到的微波功率可以 100％地转换成直流电[67]，其工作原理与一个 F 类微波放大器的工作原理相同。λ/4 配电传输线路以及电容只允许偶次谐波到达负载，因此，在 λ/4 传输线上的波形有一个 π 循环，这意味着波形是正弦型全波整流。世界上所研制的整流天线的最高射频—直流（RF－DC）转换效率约为 90％，对应 2.45 GHz 频率，输入微波功率 4 W。其他的整流天线效率在 2.45 GHz 或 5.8 GHz 的微波输入下，大约在 70％～ 90％之间。

整流天线的 RF－DC 转换效率取决于微波功率输入强度和连接的负载。在最佳的微波功率输入强度和最佳负载下，才能获得最大的效率。当功率或负载没有匹配最佳值，效率会接近于 0％，如图 2－22。转化效率是由二极管的特点决定的，二极管有其自身的结电压和击穿电压，如果向二极管的输入电压低于结电压或者高于击穿电压，二极管就不会显示出整流特性。因此，无论是较低或较高的输入，都会使 RF－DC 转换效率低于最佳值。

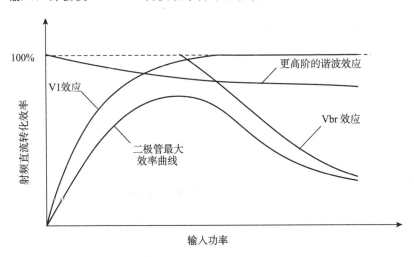

图 2－22　整流天线 RF－DC 转换效率的典型特征

目前，在整流天线研究领域包括一个重要的研究方向，即研究并研制适合于较弱微波的新型整流天线，可以用于实验发电卫星和集成电路（IC）标签上。因为实验卫星上发射天线的功率和大小受目前火箭发射能力的限制，近地轨道的实验卫星只能传输微弱的微波到地面。这种整流天线应该以某种方式与天线结合，而且如果可能，应该研制一种新型二极管，还应该采用新型方法来设计整流器。

2.3.6.2 整流天线阵

整流天线一般会作为阵列使用。对于天线阵列，天线间的相互耦合和相位分布通常是主要问题。然而，整流天线阵列之间是以直流形式进行连接，而不是以微波形式进行连接。因此，整流天线阵列的问题不同于天线阵列。

根据研究，与整流天线单个单元直流输出功率之和相比，整流天线阵总的直流输出功率会有所减小[69]。整流天线单元 RF－DC 的转换效率特点，如图 2－22 所示，决定了串联减小的功率要比并联减小的功率还要多。单元的连接均衡了整流天线上的电流或电压分布，从而使整流天线偏移最佳效率点。模拟和实验结果表明，串联的电流均衡方式不如并联的电压均衡方式[70]。整流天线阵存在一个最佳连接方式。

SPS 需要整流天线阵的直径达到 2 km 以上。研究人员已经对于整流天线单元开展了许多研究，但仅仅研制并在实验中使用了几种整流天线阵。世界上最大的整流天线阵是 1975 年[71]由美国喷气推进实验室（JPL）在金石（Goldstone）进行的地对地传输实验中使用的整流天线阵，尺寸为 3.4 m×7.2 m＝24.5 m²。它将 2.45 GHz 的微波转换成 34 kW 的直流电，转换效率为 82.5%。1994 年，在京都大学、神户大学和关西电力公司联合进行的地对地实验中，使用了尺寸为 3.54 m×3.2 m 的整流天线阵[72]，在 2.45 GHz 上使用了 2 304 个整流天线单元，并研究了整流天线的连接问题。京都大学研究了多种工作在 2.45 GHz 和 5.8 GHz 的整流天线阵列[73]，直径大小约为 1 m。1995 年，在日本的通信研究实验室（CRL，目前称为 NICT）和神户大学进行的无燃料飞机试验中，使用了另外一种尺寸为 2.7 m×3.4 m 的整流天线阵用于 MPT[74]。这些直径只有几米的阵列与直径为几千米的 SPS 阵列的差距还很大，因此，需要研究更大规模的整流天线阵。

2.3.6.3　地面网络

现在普遍认为，商业上可行的 SPS 的发电功率应当在吉瓦级以上，以获得大规模的电能，能够为任何国家的电网作出贡献。虽然 SPS 输出的是直流电，但与电网连接的技术是成熟的。与此相反，热力发电站或核电站由于必须驱动涡轮发电机，其输出为交流电（AC）。

如前所述，SPS 接收天线没有运动部件。由于 SPS 是一个稳态系统，其电力输出是可预测的。可以预见，将 SPS 与国家电网连接，在经济上和技术上都不存在问题，而且吉瓦级的电站与核电站或大型水力发电站相似，因此关于电网连接的大部分问题都是相同的。SPS 与核电站相似，为电网提供"基础"电力，SPS 并不计划被用于满足波动（昼夜的、季节性的或其他的波动）功率的需求。SPS 会出现短时的间断期（由于月蚀引起的周期性阴影），但这种情况可以采用备用热力发电系统进行补偿。

设想 SPS 将成为在国家电网（发电和配电系统）中运行的一个电厂。当 SPS 接入电网后，SPS 方面或电网方面都可能发生事故。大功率电厂（如 SPS）对于电力公司来说，实际上并不是什么新问题。电网被设计为可以对于功率变化进行调整，如果 SPS 在没有报警的情况下中断工作，电网也可以正常运行。例如，可以增加水力发电站的输出功率以补偿临时的功率损失（如通过释放储存的水）。在一些情况下，整流天线的输出功率可能下降。然而在大多数情况下，直流变换器能够在一定的范围内处理这些功率下降。但是，如果功率下降过多或电力故障过大，电站就可能停止供电。将 SPS 与大型国家电网连接，电网应该能够以某种方式进行调节。如果电网方面出现故障，也可能会对整流天线（电网的供电源）产生潜在的影响。电网可能会遭受雷雨袭击，但电力故障时间应该非常短，足以使 SPS 能够应对这种电网故障。然而，对于 SPS 来说，要应付另一个电源发生的主要故障（导致几小时或几天的输出故障）可能是很困难的。因此，要在这些方面开展更详细的研究工作。

2.4　SPS 研究：技术发展现状

SPS 是微波能量传输技术的最大应用计划，日本、美国和欧洲正在开展许多关于 SPS 的研究。

图 2-23 表示了从 1979 年到 2004 年间，与 SPS 可行性研究相关的组织的研究活动。活动开始于 1979 年，当时 NASA/DOE 发布了一份研究报告。之后，针对 SPS 的概念设计和可行性研究的相关组织活动一直持续到今天。

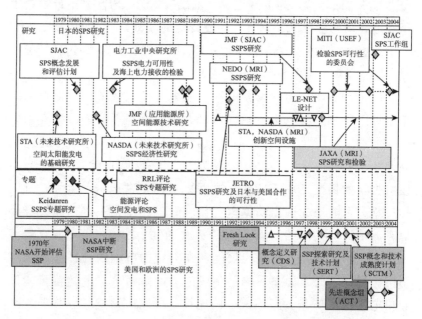

图 2-23　日本、美国和欧洲的 SPS 概念和可行性研究

2.4.1 美国的研究

2.4.1.1 开端

目前公认皮特·格拉赛（P·Glaser）在进行了一系列微波能量传输试验[76]后，于 1968 年[75]首先提出了太阳能发电卫星的概念。P·Glaser建议在地球同步轨道部署 2 颗卫星，以便在任何时间内都至少有 1 颗卫星可以被太阳照射到。P·Glaser 指出太阳能经光电转换后获得直流电，再利用调速管微波转换放大器完成直流—射频转换。直径 6 km 的太阳能电池阵在转换效率为 15% 时，可以获得 6 GW的电力。

2.4.1.2 NASA/能源部（DOE）模型[77]

在 P·Glaser 的最初建议之后，美国政府于 1978～1980 年间进行了大量的可行性研究，该项研究是在 NASA 和 DOE 的共同努力下开展的。1979 年[78]，在 NASA/DOE 基准模型（见图 2-24）的基础上提出了改进模型。根据该模型，按地球同步轨道上太阳可提供 1.37 kW/m^2（137 mW/cm^2）的辐射能量计算，面积 50 km^2 的太阳能电池阵可接收 70 GW 的能量，并获得 9 GW 的直流电能（总效率 13%）。该系统采用 1 km 直径的发射天线，在 2.45 GHz 频率可发射 6.6 GW 的微波能量（转换效率 78%）。如果接收天线单元间距为 0.75λ，SPS 接收天线单元总数量将达到 1 亿个。为获得更高的能量收集效率，假设传输天线功率分配的高斯锥度（Gaussian Taper）为 10 dB。赤道附近直径为 10 km 的地面整流天线将接收 5.8 GW 的微波功率（87% 的收集效率），可输出 5 GW 电功率到电网。当单元间距为 0.75λ 时，整流天线的单元数量多达 100 亿个。如果整流天线安置在纬度为 35°的地区，天线的形状将是 10 km×13.2 km 的椭圆形，整个系统的效率为 7%。

微波无线能量传输应当根据电磁兼容性，考虑对地球生态的安全性影响。整流二极管的功率密度分布见图 2-25。天线中心的功率

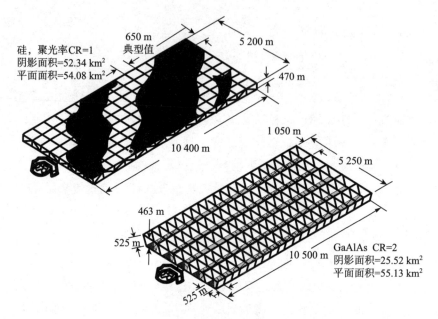

图 2—24　NASA/DOE 的 SPS 基准模型

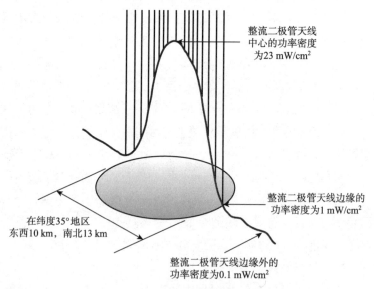

图 2—25　地面整流天线的功率密度分布

密度可以达到 23 mW/cm², 但天线边缘的功率密度只有 1 mW/cm², 后者满足辐射安全标准, 前者的功率密度也仅为太阳辐射（100 mW/cm²）的 1/4。需要提到的是, 由于大气吸收的原因, 地面太阳辐射强度要低于空间太阳辐射强度。

NASA/DOE 的基准模型设计在 GEO 部署 60 个 SPS, 每个 SPS 计划提供 5～10 GW 的基础负载电力, SPS 平台通过巨大的、专用的空间基础设施进行部署。该基础设施包括可完全重复使用的两级入轨（TSTO）的地球至轨道（ETO）运输系统, 以及 LEO 的大型基础设施。构建过程需要数百名航天员在空间连续不断地工作几十年, 这种 SPS 的部署计划对于财政的影响是巨大的。1996 年时, 估计在首个商业系统交付前, 需要投入至少 2 500 亿美元。

2.4.1.3　"Fresh Look"空间太阳能电站概念方案

由于当时的成本过高, 美国政府于 1980 年后搁置了对于太阳能发电卫星的研究, 但鉴于作为下一代新能源的巨大潜力, 太阳能发电卫星的研发工作并没有被放弃。按照早期确定的应在适当的时间重新评估太阳能发电卫星的方针, 美国从 1997 年开始重新审视空间太阳能发电方案, 并提出了许多新型的空间太阳能电站（SSP）方案作为改进的太阳能发电卫星参考系统。

（1）太阳塔（Sun Tower）[79,80]

太阳塔 SSP 方案是通过采用许多创新方法以降低 SSP 研制成本与寿命期内运行成本的众多新模型中的一个, 同时增强了对于市场的适应性。该方案采用了相对小型的模块, 并采用可大规模扩展的方式, 如图 2-26 所示, 可以按照第 1 个卫星系统的建造方式进行大规模生产。因此, 该系统能够以适中的价格发展, 地面测试也不需要建设新设施, 并可以进行小规模的飞行验证。该系统最初可以在近地轨道部署, 以后再转移到 GEO。必须大幅度地降低发射成本（约为每千克 400 美元）, 且运输有效载荷重量超过 10 吨, 这与可重复使用空间运输（HRST）系统指标相一致。

太阳塔 SSP 方案是一个中等规模的发电卫星星座, 卫星采用重

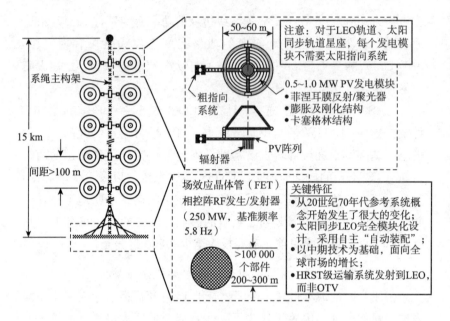

图 2—26　太阳塔 SSP 方案（MEO 星座）

力梯度稳定，采用微波能量传输的空间太阳能发电系统如图 2—26
所示。每颗卫星就像一个大型的、指向地球的"向日葵"，"向日葵
的盘"是发射天线阵列，"向口葵的叶子"是太阳能收集器。该方案
设计采用 5.8 GHz 频率，在 1 000 km 太阳同步轨道运行，传输大约
200 MW 的微波功率，波束的控制能力是 60°（±30°）。单个传输天
线单元设计为六边形，直径约为 5 cm，这些单元被预先装配成一个
子部件，以便于在轨道上进行最终的装配。用于传输 200 MW 射频
功率的发射天线是一个由单元和部件装配成的圆形平面结构，直径
约 260 m，厚度约 0.5～1.0 m。

　　光电转化单元必须是模块化的，并按每个发电单元直径大约为
50～100 m、输出功率为 1 MW 的形式安装，主要技术是基于在反射
器焦面的非动力转换方式（先进的光电转换技术）的蛛网结构。假
定这些太阳能收集系统一直指向太阳（系统部署在太阳同步轨道），
并在发射天线的后部、沿结构/电力传输设备的长度方向有规则地成

对布置。太阳能电池阵表面和微波发射机电路都存在发热问题，对于这两种情况，电力转化与调节系统的热控系统假设为模块化设计，并与电力转化系统装配在一起；对于微波传输系统设备，热控设备假设为模块化设计，并安装在微波传输天线阵列的背板上。从背板中心的电力接口到每个单元的电力传输线与发射天线阵列的模块化组件装配在一起。

太阳塔方案的地面接收装置是一个直径 4 km、可以将电能直接馈入商业电力系统接口的系统，空间段可以与不同的地面段相配合。但在系统运行之初的几年中，需要众多的地面站配合以实现合理利用 SPS 的发电能力。作为主供电系统，太阳塔方案需要建立地面电能储存系统，特别在整个系统部署的初期，只有一颗太阳塔运行的情况下，更需要地面电能储存系统。一颗太阳能发电卫星和一个地面接收站组成的系统的发电规模大约为 100～400 MW，需要多颗卫星才能将功率保持在这一水平。

（2）集成对称聚光系统[81]

集成对称聚光系统（ISC）方案特别设计了两种蛤壳式结构的太阳聚光器，第一种聚光器由 24 面镜面组成，聚光率为 2∶1，另一种聚光器由 36 面镜面组成，聚光率为 4∶1。每个镜面均为一个平面，直径约为 500 m，镜面以与蛤壳式结构主镜方向略微不同的角度安装在结构背板上。由于集成对称聚光系统不是一个光学成像组合，光线仅需要从每个反射镜反射到 PV 阵列，并使太阳能电池阵列的热斑最小。为了在 PV 阵列上提供太阳的一个合理大小的像，反射镜的焦距将超过 10 km，这就要求桅杆的长度应当足够长。通过这样的长焦距和大约 0.5°的镜面平面度要求，可以使得 PV 阵列周围的漏光最小，热斑也最小。位于蛤壳式结构边缘的镜面比蛤壳式结构中心的镜面可以承受更大的变形，能够将太阳光反射到 PV 阵列的内部区域，以减少能量的外漏。最早的 ISC 方案将太阳能电池阵安装在发射天线的背面，以使电力传输电缆的长度最小，但是，太阳能电池阵和发射天线的背面需要辐射散热，背对背结构间所需要排散的热量约为 90 kW/m²。因此，ISC 结构设计成两个分开的太阳能电池阵列，它们之间的夹角为 10°，如图 2—27 所示。

图 2—27　集成对称聚光系统[82]

2.4.2　日本的研究

日本的科学家与工程师从 20 世纪 80 年代开始进行 SPS 研究，并开展了一系列 MPT 试验，包括 1983 年世界上第一次在电离层[83,84]进行的火箭试验和在地面上进行的试验[85]。除了这些无线能量传输试验，研究人员也开展了一系列的计算机仿真[86]和理论研究[87]。在这些概念性研究阶段之后，两个日本研究团体提出了他们的研究模型。

2.4.2.1　日本宇宙航空研究开发机构（JAXA）模型

JAXA 目前正在研究 SPS 概念和不同部件级的技术可行性。利用微波（无线电）技术或激光（光学）技术，都可以将太阳能量传输到地球，其中微波概念模型发展尤其迅速，而光学模型与天气变化紧密相关。在 2001 年，JAXA 提出了一个采用微波技术的 SPS 模型，微波频率为 5.8 GHz，发电功率为 1 GW。此后，多种与 NASA/DOE 模型不同的多种 SPS 构型被不断地提出、评估，并进行改进。

（1）2001 模型

2001 年，JAXA 提出了第 1 个 SPS 模型，如图 2－28。它由三部分组成：

1）主镜，尺寸为 4 km×6 km；

2）副镜，尺寸为 2 km×4 km；

3）能量转换模块（夹层结构方案），直径为 2.6 km。

图 2－28　2001 年的参考模型[88]

这三个部分采用机械方式连接，其中，能量转换模块总是指向地球，而镜面系统必须通过旋转，以不间断地接收太阳辐射，这就使系统在结构和机构方面，面临巨大的挑战。

SPS 能量转换模块由两部分组成：

1）太阳能电池板组件（产生电力）；

2）天线组件（发射天线）。

主要的问题是如何将这两部分安装在一起，夹层结构概念就是这样一种解决方案。在该方案中，上表面接收太阳辐射，而微波辐射器件安装在下表面，两者之间需要连接模块。当采用这种上表面/下表面结构，废热的排散就成为一个非常困难的问题。在各种情况下，能量转换模块都面临严重的散热问题，过热将会严重降低整个模块的转换效率。在JAXA的模型中，镜面与能量转换模块间的距离大约为3～4 km，需要利用一个非常长的桁架进行连接。

（2）2002模型

2002模型的提出主要是为了解决2001模型中存在的散热问题，见图2—29。主镜尺寸为2.5 km×3.5 km；桁架长度为6 km，质量为200 t；能量转换模块直径为2 km，质量为7 000 t；同时需要一个400 t重的透镜（后面讨论），透镜被安装在主镜和转换模块之间。这种模型的不利之处是所有的部件间都需要采用机械连接。

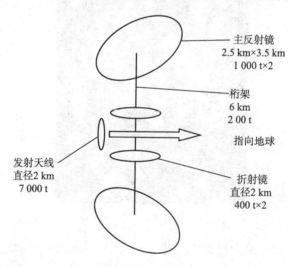

图 2—29　2002年的参考模型[89]

2002模型提出将太阳能接收和微波发射在同一个表面完成，这样就能将另一面空出来用于散热。太阳能接收转化和微波发射过程在同一面进行，产生的多余废热将通过另一面释放。图2—30给出这种模型的示意图，将太阳能电池与微波天线全部安装在相同的表面，并排排列。

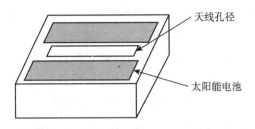

图 2—30 安装太阳能电池的发射天线

2002 模型提出将太阳能接收和微波发射器件安装在同一面的转换模块设计方案是可行的，但也产生了下列问题：

1）太阳能电池与微波转换器件的效率匹配是非常困难的，由于存在巨大的阻抗差异，还难以得到令人满意的折中方案。

2）为了将这种大型结构发射到空间，必须采用模块化方式，每个模块如图 2—30 所示。但是 2002 模型的 SPS 系统在空间组装后，需要在各模块之间进行电力传输，模块间需要进行相互连接所产生的不良影响，抵消了将它们安装在同一表面的优点。

3）为了将太阳光从主镜面反射到转换模块，需要一个非常复杂的折射镜，这种折射镜的设计与制造都非常困难。

由于将太阳能接收转化和微波发射器件安装在同一表面所引起的缺点超过了这种转换模块的优点，虽然存在散热问题，仍然需要重新回到夹层结构设计方案，并需要一些技术上的突破。

（3）2003 模型（编队飞行 SPS）[90]

NASA/DOE 基准模型提出对于旋转关节（Rotating Joint）的需求。前面的 JAXA 模型中，由于主镜与能量转换模块对于指向的不同要求，也需要采用旋转机构，这样主镜能够不断地进行三维旋转以指向太阳，并将太阳光反射到能量转换模块。由于将微波能量传输到地面天线的能量转化模块不能旋转，因此，所有 SPS 研发人员都假定主镜与能量转换模块之间采用机械连接。

在 2003 模型中，研究人员提出了 SPS 发展中的一个重要突破思想，即"编队飞行"概念。在这种新方案中，主镜与能量转换模块之间是物理分离的，JAXA 2003 模型如图 2－31 所示。该方案主要基于旋转镜面系统与夹层结构板之间的独立编队飞行，夹层结构板的一面为光伏电池，另一面为微波阵列天线，太阳光压产生的升力可用于主镜的独立飞行。采用编队飞行方案消除了对于旋转机构的要求，使整个系统在结构上变得更加稳定并且更加可靠。

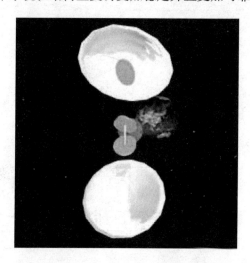

图 2－31　2003 年的参考模型

2003 模型的主体将部署在 GEO，两个主镜分别安置在距离 SPS 主体几千米的南北位置上。太阳聚光镜接收太阳光压，由于主镜相对于 GEO 平面是倾斜的，太阳光压被分解为水平力（平行于 GEO 平面）和垂直力。水平力将利用某种装置予以抵消，如采用离子推力器，剩余的垂直力将作为升力将主镜从 GEO 移开，镜面也受到由于镜面轨道运动产生的引力影响。如果主镜的重力与由太阳光压产生的升力相抵消，那么被安置在相对于 GEO 略微倾斜轨道上的主镜就可以停留在 SPS 主体的南北位置上，如何控制主镜轻型巨大结构的形状与姿态，是未来研究的一个重要方面。

2.4.2.2　无人空间试验自由飞行器研究所（USEF）模型[91,92]

（1）设计方案

无人空间试验自由飞行器研究所（USEF）提出了一种简化模型，并对一种简单、技术可行、结构实用的 SPS 方案进行了研究。由 USEF 组织的一个研究团队利用日本的 H−2A 运载火箭，开展 SPS 试验验证。

绳系式 SPS 概念构想方案见图 2−32，系统由大型的发电/传输板组成，该板由平台系统的多条绳索悬挂在空间。系统姿态利用绳系结构的重力梯度进行自主稳定，而不需要采用主动控制方式。发电/传输板由完全相同的模块组成，可以实现低成本的生产、测试和质量保证。为最大限度地简化能量发射部分结构，利用有源集成天线（AIA）技术将小型天线组件和微波电路集成在一起，成为一个独立的实体，模块的另一个创新特征是采用无线局域网（LAN）系统的无线接口，实现了可靠的部署、集成和维护。绳系式 SPS 由完全相同的绳系式 SPS 单元装配而成。

图 2−32　绳系式 SPS 概念构想图

由于绳系式 SPS 系统没有跟踪太阳的机械装置，因而该系统的发电效率比 NASA/DOE 基准模型或对太阳定向型的 SPS 系统效率低 36%，但是这一简化方案基本解决了过去 SPS 模型的所有技术难题：大型结构中没有运动部件，使得系统具有很高的鲁棒性和稳定性；由于不采用聚光系统，太阳能发电板的面积达到数平方千米以上，板上产生的热量可以通过辐射释放到空间，而不需要任何主动热控系统。

从结构角度讲，这种结构可以实现分阶段验证 SPS 的功能。在过去大部分 SPS 模型中，一直没有分阶段建设的方案，而分阶段建设对于大型空间结构非常重要。作为商业 SPS 系统的一个基本部分，即最小的绳系单元，可用于不远的将来所进行的验证试验。在发展技术路线图中，这种方案提供了一种从验证模型走向商业 SPS 系统的方法。

（2）绳系式太阳能发电卫星

USEF 提出的 SPS 概念见图 2—33，这种绳系式 SPS 可以提供 1.2 GW 的发送功率和 0.75 GW 的平均地面接收功率。该卫星由位于太阳能发电板上方 10 km 的平台系统和利用绳索悬吊、面积为 2 km×1.9 km 的发电/传输板组成。板质量为 18 000 t，厚度为 0.1 m，平台系统

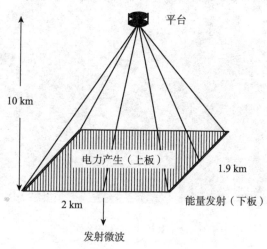

图 2—33　1 GW 级的绳系式 SPS

质量为 2 000 t。该板由尺寸为 100 m×95 m 的 400 个子板组成，每个
子板由 9 500 个面积为 1 m×1 m 的发电/传输模块组成。在每个发
电模块中，由太阳能电池产生的电能被转换为微波能量，并用于控
制单元，因而，在各模块之间不存在电力传输接口。微波发射天线
安装在发电/传输板的下表面，图 2—34 展示了这种发电模块的方
案。发电模块可以被看作为一个板式结构，板的上表面为薄膜式太
阳能电池，板的下表面为板式发射模块，包括小型天线、相控磁控
管和/或采用有源集成天线技术的微波集成电路。

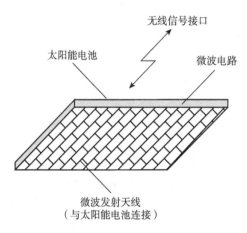

无线信号接口

太阳能电池　　　　　　　　　　　微波电路

微波发射天线
（与太阳能电池连接）

图 2—34　发电模块

　　该发电模块包含了电源处理器、微波电路和控制器，每个模块
发送的最大微波功率为 420 W，太阳能电池和射频转换的效率假设
分别为 35% 和 85%，模块质量为 5 kg，模块功率质量比为 12 g/W。
这些指标相对于现有技术，能量转换效率是目前的 2～3 倍，功率质
量比大约是目前的 10 倍，一般认为这些技术能够在 20～30 年内
实现。

　　SPS 概念设计中的各发电模块间没有有线信号接口，每个模块
的控制信号和频率标准由平台系统以无线 LAN 方式提供。100 m×
95 m 的子板通过 4 根绳索悬吊在平台系统下方，长 100 m、宽 95 m、
厚 0.1 m 的子板被看作是具有平面度要求的刚性板，以满足微波能

量传输中对于相位控制的要求。每个子板由 950 个 10 m×1 m×0.1 m的结构单元板组成,整个结构方案见图 2-35。

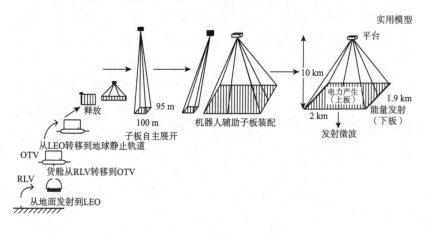

图 2-35　整体构建方案

结构单元板被折叠为 9.5 m×10 m×10 m 的封装包,可作为一个单元载荷利用可重复使用运载火箭从地面发射到近地轨道。封装包在距地面约 500 km 高的近地轨道与轨道转移运输器(OTV)连接,之后转移到 GEO。为了避免太阳能电池在辐射带受到高能粒子的影响而造成性能下降,封装包被装在一个防辐射容器中。如果使用装备 240 N 推力电推进器的 270 t 轨道转移飞行器,货舱进入 GEO 约需 2 个月的时间。绳系式子板在 GEO 自动展开,在完成子板功能测试后,与 SPS 主体装配在一起,之后,地面控制中心通过控制对接辅助机器人进行子板组装。该方案使在建造阶段即可对 SPS 进行从小功率到全功率的功能验证成为可能。

2.4.2.3　SPS 2000

日本宇宙科学研究所(ISAS)太阳能发电卫星工作组提出了 SPS 2000[93]模型,用于在较快的时间内开展为客户提供电力的系统验证。SPS 2000 的 10 MW 系统将被发射进入 1 000 km 高的赤道轨道。SPS 2000 系统从一开始就考虑了包括社会、经济、政治、法律、公共关系[94]和其他一些非工程方面的因素，并被设计成可以为其他组织所构建的不同方案的卫星提供地面接收天线，以增加传输的电力，详细情况见附录 B.2。

2.4.3 欧洲的研究

欧洲所提出的太阳帆塔 SPS[95,96]方案见图 2－36。太阳帆塔 SPS 的设计与 NASA 的太阳塔设计非常相似，但太阳帆塔采用了薄膜技术和为太阳帆开发的创新的展开机构技术，主要技术参数见表 2－5。

图 2－36 太阳帆塔

表 2－5 太阳帆塔主要技术参数

	欧洲太阳帆塔 SPS	
轨道	GEO	
SPS 最终数量	1 870	
SPS 塔	长度	15 km
	质量	2 140 t
	发电量	450 MW

续表

欧洲太阳帆塔 SPS		
双模块	尺寸	150 m×300 m×3 m
	质量	9 t
	发电量	7.4 MW
发射天线	微波源	磁控管
	数量	400 000 个
	频率	2.45 GHz
	半径	510 m
	质量	1 600 t
	发射功率	400 MW
接收天线位置	最终数量	103 个
	天线尺寸	11 km×14 km
	接收站尺寸（含安全区域）	27 km×30 km
发电功率	每个 SPS 塔	275 MW

太阳帆塔 SPS 每个帆的尺寸为 150 m×150 m，帆面最初卷绕在中心轴上，由 4 根沿对角线布置的轻质量的碳纤维杆自动展开。每个帆模块内产生的电能通过与天线连接的中心电缆传输，频率为 2.45 GHz 的微波由可大规模、廉价生产的磁控管产生。碳纤维制造的窄缝型波导安装在天线主结构上，用于有源天线部件。太阳帆塔 SPS 采用相控阵天线，利用多套波导将微波能量发射到地面的整流天线，将微波能量转换为电能，再将电能送入现有的电网。整个天线表面的功率密度按 10 dB 高斯分布，以使旁瓣和散射最小。

与激光能量传输技术相比，微波能量传输技术更成熟、具有更高的系统效率，且几乎不受天气的影响。

2002 年，欧空局的先进概念组启动了一个需要多年开展的关于空间太阳能发电的研究项目，项目分为三个阶段。在欧洲，地面太阳能发电是一个快速增长的能源产业，十多年来一直保持高速增长，呈现出很好的发展前景。因此，欧洲研究项目第一阶段的研究团队包括了地面太阳能研究团体，专门通过与地面太阳能发电方案进行比较，评估为地球供电的空间太阳能电站方案的普遍有效性[97,98]。同时，通过与传统发电方案和核能发电的比较，评估 SPS 方案在空间探索与应用方面的有效性。

2002 年 8 月，该项目的第一阶段正式启动，建立了欧洲空间太阳能发电研究网络，它为包括工业、学术界和研究机构在内的所有与 SPS 领域相关的研究人员和感兴趣的参与者提供了一个平台。

欧洲空间太阳能发电研究项目三个阶段的主要内容明确后，包括欧空局先进概念组、欧洲工业界和学术界同时开始了相关研究工作[99,100,101,102]。

（1）集中地面太阳能专家

两个并行的工业研究团队同时开展研究，这两个团队均由独立能源咨询公司牵头，他们拥有同等数量的空间与地面太阳能发电专家。

（2）电力消耗曲线

电力消耗被分为基础负载电力和峰值负载电力。基础负载电力被定义为最低日常电力需求水平，峰值负载功率被定义为非基础负载功率，如图 2-37 所示，图中给出了欧洲典型一天内的电力负载曲线。

（3）供给方案

太阳能发电卫星的功率通常被设计为几吉瓦的水平，而目前地面太阳能电站的发电功率一般为几兆瓦。为了得到不同功率规模对于空间和地面太阳能电站的影响，分别对 500 MW、150 GW 和 500 GW 规模电站的峰值负载和基础负载方案进行了分析。

（4）发射成本

在评估太阳能发电卫星的经济可行性时，发射成本是最重要的一个参数，任何假设的固定发射成本都将影响系统比较的结果。

实际评估过程中，将发射成本作为开放参数，以目前的发射成本作为上限，以推进剂成本作为下限。评估建造和运营成本过程中，为了克服"鸡与蛋"式的问题，即建造 SPS 所需的发射频率会降低

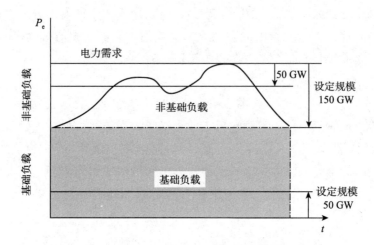

图 2-37　用于目前评估的基本定义和峰值负载（非基础负载）功率

发射成本，发射成本反过来又可以降低建造 SPS 所需的成本，两个研究团队协商采用一种学习曲线法，即以目前的发射成本作为基数，假定总发射质量每增加 1 倍，发射成本就降低 20%（即进步率 0.8）。

第一步，不考虑发射成本，只对空间系统和地面系统的成本进行比较。

第二步，通过对两个成本的比较，确定 SPS 空间系统与地面发电站进行竞争的最大允许发射成本。

第三步，采用进步率 0.8 来分析随着 SPS 各个部件的发射所带来的发射成本的降低量，然后将这一值与第二步所确定的最大允许发射成本进行比较。这种分析方法并没有考虑潜在的影响因素，如较低的发射成本会打开其他的发射市场。

对于基础负载电力情况，一个研究团队选用了最有可能采用的系统，这个系统包括了 220 MW 的太阳能热塔单元，这些单元分布在欧洲南部的热带地区（包括土耳其）；另一个研究团队的分析是基于安装在埃及一个人口稀少地区的太阳能热槽系统。这两个研究团队都将太阳能光伏发电装置作为现有技术条件下的高成本备选方案，但有望在未来的 2020 年或 2030 年实现成本的大幅降低。

对于峰值负载功率情况，一个研究团队选择的系统是基于太阳能光伏发电装置的、高度分散的系统，并且考虑了未被使用的、具有可利用潜力的建筑物表面的面积；另一个研究团队采用了与基础负载电力太阳能电站相同的设计。

由于仅限于欧洲，可以考虑的只有地球同步轨道空间系统。一个研究团队选择采用激光技术进行无线能量传输，另一个研究团队选择频率为 5.8 GHz 的微波。两种方案都考虑采用陆地的地面接收站，而不是海上接收站。

原则上，欧洲空间太阳能发电研究项目的第一阶段并不开展新型空间太阳能电站概念设计，而主要参考已提出的最先进的技术方案（在 NASA "Fesh Look" 期间提出的欧洲太阳帆塔方案，以及日本研究的方案）[103,104,105]。

由于激光无线能量传输 SPS 方案的参考数据很少，在分析中进行了一些假设。以激光无线能量传输为基础的空间太阳能电站为安装 111 km^2 的薄膜式 PV 电池和相同面积聚光器的地球同步轨道空间单元。按 20% 的 PV 电池发电效率，系统在轨道上将产生 53 GW 的电能，电能输入到转化效率为 50% 的红外（IR）激光器，产生波长为 1.06 μm 的激光，激光被发射到位于北非 70 km^2 的地面接收设备。由于波束形状和大气衰减的影响，能量损失约为 38%。地面 PV 系统对于太阳光的光电转换效率为 20%，而对于 IR 激光波束的光电转换效率可达 52%。另外，在空间和地面均有约 4% 的散射损失，空间段将向地面电网传输 7.9 GW 的电能。

分析比较结果如下。

（1）基础负载电力

对于基础负载情况，采用地面太阳能电站结合氢贮能，最小电站（500 MW）的发电成本为 9 欧分/千瓦·时，最大电站（500 GW）的发电成本为 7.6 欧分/千瓦·时。

在上述条件下，即使不考虑发射成本，对于最小功率方案，与

最小的地面太阳能电站相比，SPS 也不具有竞争能力。而对于5 GW
或更大功率的方案，如果 SPS 与地面太阳能发电系统相比具有竞争
能力，就要求 SPS 的发射成本在 620～770 欧元/千克之间。如果当
地存在水贮能设施可以利用，对发射成本的要求也明显提高，要求
发射成本降低到上述发射成本的 1/3。

　　（2）非基础负载电力

　　对于非基础负载情况，采用地面太阳能电站结合氢贮能的发电
成本，从最小功率电站方案 10 欧分/千瓦·时，到最大功率电站方
案（150 GW）53 欧分/千瓦·时。只有发电规模达到 50 GW 以上，
太阳能发电卫星的发电成本才具有竞争水平。

　　对于 50 GW 或更大功率的方案，如果 SPS 与地面太阳能发电系
统相比具有竞争能力，就要求 SPS 的发射成本在 155～1615 欧元/千
克之间。如果当地存在水贮能设施可以利用，则要求发射成本降低
2 倍。

　　（3）能量回收时间——主要的可行性指标

　　空间以及地面太阳能电站方案，均被指责违反了电站的基本原
则，即建造电站消耗的电能超过电站所产生的电能。因此，精确评
估系统的累积能量需求（CED），并与系统寿命期的总能量产出进行
比较，非常重要。能量回收时间为评判这些能源方案的有效性，提
供了一个指标。

　　评估系统建造需求总能量的方法有许多种，评估快速但不够准
确的一种方法是输入/输出分析法。过去，这种方法已经部分用于
SPS 系统分析，这种方法部分基于欧元—焦耳关系假设，根据材料
的成本进行能量估算。如果系统全部部件已知，结合所有部件的质
量和从专用数据库所获得的能量消耗数据，便可以进行能量平衡
分析。

　　欧洲所进行的分析研究依赖于完整的材料流分析，这是最准确
的计算 CED 的方法。但对于空间系统的一些部件，不存在可以进行
精确材料流分析的数据，则可以采用材料平衡法，部分利用专用数

据库所提供的 CED 数据。

在分析的全部情况中，空间和地面太阳能电站的能量回收时间均小于或等于 1 年。对于埃及的地面太阳能发电系统，能量回收时间比欧洲太阳带的分布式系统略高。在这两种情况下，完全从能源的观点分析，太阳能发电卫星具有更短的能量回收时间，时间约为 4 个月至 2 年，取决于太阳能发电卫星的规模与方案（包括运载）。

值得注意的是，采用略有不同的方法和不同的空间方案，尽管采用不同的传输技术，两个独立研究团队对于空间段的评估得出了几乎相同的结果（3.9～4.8 个月）。欧洲南部基于太阳能热塔电站（本地氢贮存）的地面方案得出的能量回收时间为 8.4 个月，北非太阳能热槽电站的回收时间为 8.1～8.9 个月，北非地面光伏发电系统的能量回收时间预期从采用目前技术的 31 个月，下降到基于 2030 年光伏发电技术的 8.3 个月。

两项详细的评估均表明，空间和地面的太阳能电站均有较短的能量回收时间，单从纯粹的能量角度来看，都属于具有吸引力的发电方式。

从 2005 年年底到 2006 年年初，欧空局将开始欧洲 SPS 计划的第 2 阶段研究，希望提供空间和地面组合太阳能发电方案和激光能量传输技术的进一步研究结果。

2.4.4　全球的活动

作为全球性 SPS 研究活动，SPS 研究团体已经启动了许多国际合作，包括日本-美国 SPS 研究组[106]、SPS 与无线能量传输国际会议[107]、国际宇航联大会（IAC）空间发电委员会[108]以及 URSI SPS 国际委员会工作组。

参 考 文 献

[1] Insolation examples: 5.0 (Cairo, Egypt), 4.8 (Austin, Texas, USA), 4.52 (Sydney, Australia), 3.71 (Rome, Italy), 3.25 (Kagoshima, Japan), 3.83 (Madrid, Spain).

[2] G. Maral and M. Bousquet, Satellite communications systems, 3rd Ed., John Wiley & Sons, 1993.

[3] H. Hayami, M. Nakamura, and K. Yoshioka, The Life Cycle CO2 Emission Performance of the DOE/NASA Solar Power Satellite ystem: A Comparison of Alternative Power Generation Systems in Japan, IEEE Trans. Systems, Man, and Cybernetics-Part C: Applications and Reviews, vol. 35, no. 3, 391—400, 2005.

[4] F. R. Shapiro, Utilities in the sky? ReFocus, 54—57, Nov. /Dec. , 2002.

[5] Incoming solar radiation.

[6] J. K. Strickland, Solar Energy, Vol. 56, No. 1, 23—40, 1996. See also. J. K. Strickland, in P. Glaser, et al. (eds.), Solar Power Satellites: A Space Energy System for Earth, pp. 133—205, England: Praxis, 1998.

[7] Arthur Smith, April 2004 issues of Physics and Society Newsletters published by the American Physical Society (http: //www. aps. org/units/fps/newsletters/) .

[8] http: //rredc. nrel. gov/solar/old _ data/nsrdb/redbook/atlas/serve. cgi.

[9] Arthur Smith, April 2004 issues of Physics and Society Newsletters published by the American Physical Society (http: //www. aps. org/units/fps/newsletters/) .

[10] Fetter, S. , Space Solar Power: An Idea whose Time will never come? Physics and Society, 33, 1, 10—11, 2004.

[11] Smith, Arthur, Physice and Society, April 2004, Web Issue, http: //www. aps. org/units/fps/newsletters/2004/april/article2. cfm.

[12] DOE and NASA report; "Satellite Power System: Concept Development and Evaluation Program", Reference System Report, Oct. (1978) (Published Jan. 1979) .

[13] NEDO（New Energy Development Organization）/MRI（Mitsubishi Research Institute），Ministry of Trade and Industry，Research of SPS System（in Japanese），1992，1993，and 1994.

[14] http：//www. aerospace. nasa. gov/library/event _ archives/home&-home/glenn/invasp/sld003. htm.

[15] http：//space-power. grc. nasa. gov/ppo/sctm/11.

[16] Kuninaka，H. ，K. Nishiyama，Y. Shimizu and K. Toki，"Deep Space Maneuver by Microwave Discharge Ion Engine（in Japanese）"，Proc. of the 6th SPS symposium，pp. 39－44，2003.

[17] Utashima，M. ，"In-Orbit Transportation of SSPS Considering Debris and Cell Degradation by Radiation（in Japanese）"，Proc. of 47th Space Sciences and Technology Conference，pp. 662－667，2003.

[18] =（number density of atom）×（satellite velocity×（time interval）.

[19] M. Izumitani，et al. ，Results of flight demonstration of terrestrial solar cells in space，Progress in Photovoltaics：Research and Applications，13，pp. 93－102，2005.

[20] mreq is defined as the mass of the SPS on GEO that produces a power of 1 GW on the ground with no cell degradation. mreq is currently estimated to be about 10 thousand tons.

[21] Air mass zero，or extraterrestrial spectrum.

[22] Kushiya，K. ，Proc. of 3rd World Conference on Photovoltaic Energy Conversion，CD：2PL－C1－02，2003.

[23] Kawakita，S. ，M. Imaizumi，S. Matsuda，K. Kushiya，T. Ohshima，A. Ohi，and T. Kamiya，Proc. of 3rd World Conference on Photovoltaic Energy Conversion，CD：3P－R5－11，2003.

[24] Imaizumi，M. ，K. Tanaka，S. Kawakita，T. Sumita，H. ，Naito，and S. Kuwajima，"Study on Power Generation System for a Space Photovoltaic Power Satellite"，Proc. of 48th Space Sciences and Technology Conference，pp. 111－115，2004.

[25] A. K. Misra &- J. D. Whittenberger，Proc. 22nd IECEC，188，IEEE，1987.

[26] L. M. Sedgwick，K. J. Kauman，K. L. McLallin &- T. W. Kerslake，Proc. 26th IECEC，262，IEEE，1991.

[27] R. K. Shaltens, L. S. Mason, Proc.. 31th IECEC, Washington, D. C., 1996, Vol. 2 p. 660, IEEE, 1996.

[28] "Advanced Solar Dynamic Technology", Glenn Research Center, http: // www. grc. nasa. gov/WWW/tmsb/dynamicpower/doc/adv _ sd _ tech. html.

[29] G. Johnson, M. E. Hunt, W. R. Determan, A. Hosang, J. Ivanenok, M. Schuller," Design and Integration of a Solar AMTEC Power System with an Advanced Global Positioning Satellite", Proc. 31th IECEC. Vol. 1, Washington, D. C., 1996, P623, IEEE, 1996.

[30] R. V. Boyle, M. G. Coombs, C. T. Kudiya: "Solar Dynamic Power Option for the Space Station", Proc. 23rd IECEC, Vol. 3, Jul. Aug. 1988, Denver, Colorado, p. 319, the American Society of Mechanical Engineers, 1988.

[31] A. Y. Ender, et al., "Cascade Space Splar Power System with High Temperature Cs-Ba Thermionic Converter and AMTEC", Proc.. STAIF, p. 1565, 1998.

[32] H. Kawasaki, S. Toyama, and M. Mori , "Thermal Control System for Space Solar Power System", Proc. of the 47th Space Sciences and Technology Conference, pp. 67－70, 2003 (in Japanese) .

[33] Study on Space Solar Power Systems, JAXA Contractor Report (in Japanese), 2004.

[34] Kimbara, "Membrane, its function and applications," p. 109, Japanese Standards Association, 1991. (In Japanese)

[35] Research and Study of SSPS (Space Solar Power System) (in Japanese), NASDA/MRI, Science and Technology Agency, 1999.

[36] Study on Space Solar Power Systems, JAXA Contractor Report (in Japanese), 2001.

[37] Mitani, T. , N. Shinohara, H. Matsumoto, and K. Hashimoto, "Experimental Study on Oscillation Characteristics of Magnetron after Turning off Filament Current", Electronics and Communications in Japan, Part II: Electronics. ,Vol. E86, No. 5, 2003, pp. 1－9.

[38] Brown, W. C. , The SPS transmitter designed around the magnetron directional amplifier, Space Power, vol. 7, no. 1, pp. 37－49, 1988.

[39] Shinohara, N. , J. Fujiwara, and H. Matsumoto, Development of Active

Phased Array with Phase-controlled Magnetrons, Proc. ISAP2000, Fukuo-ka, vol. 2, pp. 713—716, 2000.

[40] Shinohara, N., and H. Matsumoto, "Phased Array Technology with Phase and Amplitude Controlled Magnetron for Microwave Power Transmission", Proc. of the 4th Int. Conf. on Solar Power from Space-SPS ' 04, pp. 117—124, 2004.

[41] Shinohara, N., H. Matsumoto, and K. Hashimoto, "Phase-Controlled Magnetron Development for SPORTS: Space Power Radio Transmission System", The Radio Science Bulletin, No. 310, pp. 29—35, Sep. 2004.

[42] Fujiwara, E., Y. Takahashi, N. Tanaka, K. Saga, K. Tsujimoto, N. Shinohara, and H. Matsumoto, "Compact Microwave Energy Transmitter (COMET)", Proc. of Japan-US Joint Workshop on SSPS (JUSPS), pp. 183—185, 2003.

[43] V. L. Granatstein, P. K. Parker, and C. M. Armstrong , " Scanning the Technology: Vacuum Electronics at the Dawn of the Twenty-First Centu-ry," Proc. IEEE, vol. 87, pp. 702—716, May 1999.

[44] Bosch, E., P. Y. Cabaud, and B. Cotteau, "Industrial Program GEN 2000 from TTE Improved Ku-Band TWT with Efficiency More Than 70% Effi-ciency", AIAA2000—1160, pp. 613—618, Apr. 2000.

[45] Katakami, K., "Review of Performance Improvement and Development Trends (in Japanese)", Tech. Report of IEICE, SPS2003 — 03 (2004 — 02), pp. 15 — 22, 2004.

[46] S. Kitazawa, Commercialization of the on-Board Equipments for Communi-cations Satellites in Japan, Proc. of MWE' 96 Microwave Workshop Digest [WS14—3], pp. 387—395, 1996.

[47] M. Skolnik, Radar Handbook, 2nd Ed. , McGraw-Hill, 1990.

[48] E. Ogura, A. Kiyohara, K. Abe, T. Ohshima, T. Ono, K. Seino, H. Hirose, De-velopment of 60W C-band solid State Power Amplifier for Satellite Use, 19th AIAA International Communications Satellite Systems Conference, AIAA — 2001 — 0103, 2001.

[49] Ishii, K., T. Okamoto, H. Maeda, H. Ishida, and M. Shigaki, Charac-teristics of a high power and high efficient solid state power amplifier for 2.5 GHz band mobile communication satellites, Tech. Rept. IEICE, AP94—47, 53—59, 1994.

[50] SPS 2000 Concept Design Documents （in Japanese）, S2 — Il — X, ISAS, 1993.

[51] Hikage, T. , K. Munakata, T. Nojima, M. Omiya, and K. Itoh, Cavity-Backed Slot Antennas and Arrays with Simple Geometry Adapted to Microwave The Radio Science Bulletin, No. 310, pp. 23—28, Sep. 2004.

[52] Research of SPS System （in Japanese）, NEDO （New Energy Development Organization） /MRI （Mitsubishi Research Institute）, Ministry of Trade and Industry, 1992, 1993, and 1994.

[53] Takano, T. , N. Kamo, and A. Sugawara, Simplification of an array antenna by reducing the fed elements, Trans. Institute of Electronics, IEICE, Vol. E88—B, No. 9, pp. 421—424, 2005.

[54] Murao, Y. and T. Takano, Proposal and analysis of ultra-large aperture array antennas （in Japanese）, Trans. IEICE, vol. J80 — B —, No. 6, pp. 501 — 506, 1997.

[55] Miyamoto, R. Y. , and T. Itoh, "Retrodirective arrays for wireless communications", IEEE Microwave Magazine, vol. 3, pp. 71—79, Mar. 2002.

[56] Sung et al. , IEEE Topical Conference on Wireless Communication Technology, 2003, pp. 220—221, Hawaii, U. S. A. , 15—17, Oct. 2003.

[57] Van Atta, L. G. , "Electromagnetic Reflector", U. S. patent No. 2, 908, 002; Oct. 6, 1959.

[58] Leong, K. M. H. , R. Y. Miyamoto, and T. Itoh, "Ongoing Retrodirective Array Research at UCLA", Tech. Report of IEICE, SPS2002—08 （2002—11）, pp. 15—20, 2002.

[59] Matsumoto, H. , N. Shinohara, and K. Hashimoto, "Activities of Study of Solar Power Satellite/Station （SPS） in RASC of Kyoto University （in Japanese)", Tech. Report of IEICE, SPS2002 — 07 （2002 — 11）, pp. 9 — 14, 2002.

[60] Mikami, I. , T. Mizuno, H. Ikematsu, H. Satoh, H. Matsumoto, N. Shinohara, and K. Hashimoto, "Some Proposals for the SSPS Actualization from Innovative Component Technology Standpoint", Proc. of URSI EMTS 2004, pp. 317 — 319, 2004.

[61] 61 Hashimoto, K. , K. Tsutsumi, H. Matsumoto, and N. Shinohara, "Space So-

lar Power System Beam Control with Spread Spectrum Pilot Signals", The Radio Science Bulletin, No. 311, pp. 31—37, 2004.

［62］ Little, F. E. , S. J. Kokel, C. T. Rodenbeck, K. Chang, G. D. , Arndt, and P. H. Ngo , "Development of Retrodirective Control Transmitter for Wireless Power Transmission", The Radio Science Bulletin, No. 311, pp. 38—46, 2004.

［63］ Tominaga, M. , K. Morishita, T. Nakada, and USEF SSPS Study Team, "Phase Synchronous System of Separated Units", Proc. of the 4th Int. Conf. on Solar Power from Space—SPS ' 04, pp. 139—144, 2004.

［64］ Hashimoto, K. , H. Shibata, and H. Matsumoto, "A Self-Steering Array and Its Applicationto Phase Synchronization of transmitter units and SSPS (in Japanese)", Tech. Report of IEICE, SPS2004—06 (2005—01), pp. 5—10, 2005.

［65］ Research and Study of SSPS (Space Solar Power System) (in Japanese), JAXA, /MRI, Science and Technology Agency, 2005.

［66］ Brown, W. C. , "The History of the Development of the Rectenna", Proc. of SPS microwave systems workshop, pp. 271 — 280, Jan. 15 — 18, 1980, at JSC-NASA.

［67］ Gutmann, R. J. and J. M. Rorrego, "Power Combining in an Array of Microwave Power Rectifiers", IEEE Trans. MTT, Vol. MTT — 27, No. 12, pp. 958—968, 1979.

［68］ Yoo, T-W. , and K. Chang, Theoretical and experimental development of 10 and 35 GHz Rectennas, IEEE Trans. , MTT—40, 1259—1266, 1992.

［69］ Shinohara, N. and H. Matsumoto, "Experimental Study of Large Rectenna Array for Microwave Energy Transmission", IEEE-MTT, Vol. 46, No. 3, pp. 261—268, 1998.

［70］ Miura, T. , N. Shinohara, and H Matsumoto, "Experimental Study of Rectenna Connection for Microwave Power Transmission", Electronics and Communications in Japan, Part 2, Vol. 84, No. 2, pp. 27—36, 2001.

［71］ Brown, W. C. , "The History of Power Transmission by Radio Waves, IEEE Trans. MTT, Vol. 32, No. 9, pp. 1230—1242, 1984.

［72］ M. Shimokura, N. Kaya, N. Shinohara, and H, Matsumoito, Point-to-point microwave power transmission experiment, Trans. Institute of Electric Engineers Japan, vol. 116—B, no. 6, pp. 648—653, 1996 (in Japanese) .

[73] Matsumoto, H. , K. Hashimoto, N. Shinohara, and T. Mitani, "Experimental Equipments for Microwave Power Transmission in Kyoto University", Proc. of the 4th Int. Conf. on Solar Power from Space-SPS ' 04, pp. 131—138, 2004.

[74] Fujino, Y. , M. Fujita, N. Kaya, S. Kunimi, M. Ishii, N. Ogihata, N. Kusaka, and S. Ida, "A Dual Polarization Microwave Power Transmission System for Microwave propelled Airship Experiment", Proc. of ISAP' 96, Vol. 2, pp. 393—396, 1996.

[75] P. Glaser, Power from the Sun: Its future, Science, Vol. 162, 22 Nov. 1968.

[76] Refer to W. C. Brown, The history of power transmission by radio waves, IEEE Trans. Microwave Theory and Techniques, MTT—32, pp. 1230—1242, 1984.

[77] Based on Introduction section of John C. Mankins, http: //spacefuture. com/archive/a _ fresh _ look _ at _ space _ solar _ power _ new _ architectures _ concepts _ and _ technologies. shtml.

[78] US Department of Energy and NASA; Satellite Power System; Concept Development and Evaluation Program, Reference System Report, Oct. 1978 (Published Jan. 1979) .

[79] J. C. Mankins, A fresh look at space solar power: New architectures, concepts and technologies, Acta Astronautica, Vol. 41, Nos. 4—10, 347—359, 1997.

[80] J. O. McSpadden and J. C. Mankins, Summary of recent results from NASA' s Space Solar Power (SSP) Programs and the current capabilities of microwave WPT technology, IEEE Microwave Magazine, vol. 3, no. 4, 46—57, December, 2002.

[81] C. Carrington and K. Feingold, Space solar power concepts: emonstrations to pilot plants, IAC—02—R. P. 12, IAC, 2002; cited with permission of the American Institute of Aeronautics and Astronautics, Inc.

[82] J. C. Mankins, Space Solar Power (SSP) New Energy Options for the 21ST Century Overview and Introduction Overview and Introduction, SCTM project, http: //space-power. grc. nasa. gov/ppo/sctm/11.

[83] H. Matsumoto, N. Kaya, I. Kimura, S. Miyatake, M. Nagatomo, and

T. Obayashi, MINIX Project toward the Solar Power Satellite—Rocket experiment of microwave energy transmission and associated nonlinear plasma physics in the ionosphere, ISAS Space Energy Symposium, 69—76, 1982.

[84] N. Kaya _ H. Matsumoto and R. Akiba, Rocket Experiment METS Microwave Energy Transmission in Space, Space Power, vol. 11, no. 3&4, pp. 267—274, 1992.

[85] M. Shimokura, N. Kaya, N. Shinohara, and H, Matsumoito, Point-to-point microwave power transmission experiment, Trans. Institute of Electric Engineers Japan, vol. 116—B, no. 6, pp. 648—653, 1996 (in Japanese) .

[86] H. Matsumoto, and T. Kimura, Nonlinear excitation of electron cyclotron waves by a monochromatic strong microwave: Computer simulation analysis of the MINIX results, Space Power, vol. 6, 187—191, 1986.

[87] H. Matsumoto, Numerical estimation of SPS microwave impact on ionospheric environment, Acta Astronautica, 9, 493—497, 1982.

[88] Study on Space Solar Power Systems, JAXA Contractor Report (in Japanese), 2002.

[89] Study on Space Solar Power Systems, JAXA Contractor Report (in Japanese), 2003.

[90] Mitsushige Oda, Realization of the Solar Power Satellite Using the Formation Flying Solar Reflector, NASA Formation Flying symposium, Washington DC, Sept. 14—16, 2004.

[91] Sasaki, S. , K. Tanaka, S. Kawasaki, N. Shinohara, K. Higuchi, N. Okuizumi, K. Senda, K. Ishimura, and USEF SPS Study Team, "Conceptual Study of SPS Demonstration Experiment", The Radio Science Bulletin, No. 310, 2004, pp. 9—14,

[92] Y. Kobayashi, T. Saito, K. Ijichi, and H. Kanai, Proc. of the 4th Int. Conf. on Solar Power from Space-SPS ' 04, July 2004, Granada, Spain (ESA SP—567, December 2004).

[93] M Nagatomo and K Itoh, "An Evolutionary Satellite Power System for International Demonstration in Developing Nations", Proceedings of SPS91, pp 356—363; 1991 also at http: //www. spacefuture. com/archive/an _ evolutionary _ satellite _ power _ system _ for _ international _ demonstration _ in _ developing _

nations. shtml.

[94] H Matsuoka & P Collins, "Benefits of International Cooperation in a Low Equatorial Orbit SPS Pilot Plant Demonstrator Project", Proceedings of SPS ' 04, Esa SP—567, pp 213—217, 2004; also at http: //www. spacefuture. com/archive/benefits _ of _ international _ cooperation _ in _ a _ low _ equatorial _ orbit _ sps _ pilot _ plant _ demonstrator _ project. shtml.

[95] W. Seboldt, M. Klimke M. Leipold N. Hanowski, European Sail Tower SPS Concept, Acta Astronautica, Vol 48. No. 5—12. pp. 785—792. 2001.

[96] http: //www. esa. int/gsp/ACT/doc/ACT-RPR-2200-LS-0211-Kobe02 Solar Power Satellites-European approach. pdf.

[97] L. Summerer, F. Ongaro, M. Vasile, and A. Gálvez. Prospects for Space Solar Power Work in Europe. Acta Astronautica, 53: 571—575, 2003.

[98] ESA-Advanced Concepts Team. Advanced Power Systems. website. http: // www. esa. int/act, (acc. June 04).

[99] L. Summerer, M. Vasile, R. Biesbroek, and F. Ongaro. Space and Ground Based Large Scale Solar Power Plants-European Perspective. IAC-03/ R. 1. 09, 2003.

[100] L. Summerer and G. Pignolet. SPS European Views: Environment and Health. URSI, 2003.

[101] L. Summerer. Space and Terrestrial Solar Power Sources for Large-scale Hydrogen Production. In Marini, editor, Hypothesis V, pages 233 — 258, 2003.

[102] L. Summerer. Space and Terrestrial Solar Power Sources for Large-Scale Hydrogen Production-A Comparison. In HyForum 2004, Beijing, China, Mai 2004.

[103] J. Mankins et al. , Space solar power-A fresh look at the feasibility of generating solar power in space for use on Earth. Technical Report SIAC—97/ 1005, NASA, SAIC, Futron Corp. , April 1997.

[104] N. Kaya. A new concept of SPS with a power generator/transmitter of a sandwich structure and a large solar collector. Space Energy and Transportation, 1 (3): 205, 1996.

[105] C. Cougnet, E. Sein, A. Celeste, and L. Summerer. Solar power satellites

for space exploration and applications. In ESA, editor, SPS' 04 Conference-Solar Power from Space, Granada, Spain, June 30—July 2 2004.

[106] Special section on SSPS, Radio Science Bulletin, Nos. 310 and 311, 2004.

[107] Proc. of the 4th Int. Conf. on Solar Power from Space-SPS' 04, July 2004, Granada, Spain (ESA SP—567, December 2004).

[108] http: //www. iafastro. com/feder/structures/Tech _ Committees/Com _ Power. htm.

第 3 章　太阳能发电卫星无线电技术

本章对与 SPS 相关的 MPT 技术的当前和未来研究，包括波束控制、微波器件、整流天线、测量方法与衍生技术进行了描述，SPS 的影响和相关科学主题在第 4 章进行阐述。

应用于 SPS 的天线和能量传输技术，基本上属于常规阵列天线系统的延伸，但两者仍存在一些本质上的重要不同，具体如下。

（1）在 MPT 中要求在发射天线与接收天线之间进行高效能量传输。发射天线与接收天线直径的乘积是一个重要参数[1]。巨大的阵列对提高传输效率是必不可少的，SPS 的天线直径一般在千米量级，微波单元的数量将达到十亿量级，传输效率约为 90%。

（2）与主波束偏离一定角度并指向其他方向的辐射称为旁瓣。旁瓣，又称为栅瓣，如果在均匀线性阵列里的单元间距超过一个波长，那么栅瓣振幅就与主波束相同。抑制栅瓣和旁瓣，对于保障波束安全以及避免与通信的干扰来说是必需的。将发射天线阵列发射的波束功率分布变窄，是减少旁瓣并提高传输效率的一种方法，然而，这将使天线和能量传输系统变得复杂。

（3）微波束应准确指向整流天线的方向。由于整流天线的直径只有几千米，所以要求来自 GEO（轨道高度 36 000 km）的波束指向精度小于 300 m，对应于 0.000 5°的精度。

（4）由于移相器造价昂贵且会造成额外损耗，所以系统中需要减少移相器的数量。同样的原因，在真空管发射机中，减少功分器的数量也是非常重要的。

（5）需要开发低谐波高效轻型发射机。降低重量功率比对于降低发射成本非常重要，SPS 采用的微波发射机是半导体器件或者微波管。

（6）整流天线处接收到的功率密度并不是恒定的，因此必须开发在各种能量输入条件下的高效整流天线。将整流天线输出与现有电网进行连接，是另一个重要问题。

（7）对巨型整流天线进行测量和校准是必不可少的。

典型的 1 GW SPS 发射天线阵列的孔径为 1～2 km，因此，SPS 发射天线阵列的平均微波功率密度为 1 kW/m²。如果采用 2.45 GHz 或 5.8 GHz 微波进行能量传输，则每平方米天线单元的数量分别为 100 个或 400 个，因此，分配到每个单元的能量可以达到 10 W/单元或 2.5 W/单元。10 dB 高斯锥度下，典型模型能量输出见表 2-3。

3.1 微波能量传输技术

从地球同步轨道传输的微波能量中有多少可以被地面接收？实际上，地面通过 MPT 可以收集到几乎所有的传输能量。在典型的 SPS 设计中，能量的传输效率约为 90%。下面对 MPT 的特征进行描述。

3.1.1 利用电磁波传输能量

根据源自 Goubau 和 Schwering[3] 的基本概念，Brown[1] 表示，若参数 $\tau = A/(\lambda D)$ 大于 2，而且孔径的分布为高斯分布（其中，A 为传输天线与接收天线的天线口径面积（A_t 和 A_r)，λ 为波长，D 为两个天线的间隔距离）时，则能量传输效率可接近 100%。例如，$\tau = 2.4$ 时，效率为 99.63%，如图 3-1 所示。若两个天线的直径 d_t 和 d_r、波长 λ 和距离 D 分别为 1.4 km，4 km，5.17 cm（5.8 GHz）和 36 000 km，就可以达到该效率。若传输天线的直径如第二章所述的为 1 km，而不是 1.4 km，则 $\tau = 1.7$。当接收天线的能量密度分布接近图 3-2 所示的高斯分布时，就能获得高的接收效率。

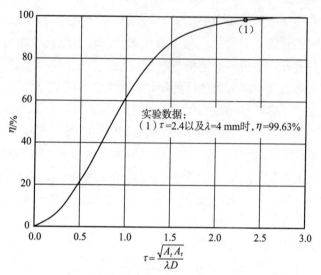

图 3—1　对于优化功率密度下传输效率与参数 τ 的关系，
传输天线孔径的分布见图 3—2[1,2]

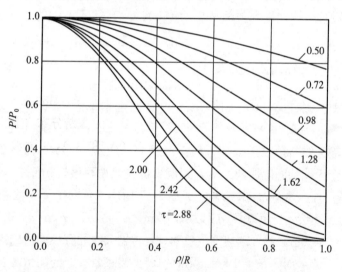

图 3—2　对应图 3—1 中不同的 τ 值下，传输和接收天线口径
对应的截面功率密度分布。R 为传输或接收天线的半径，
ρ 为距离中心的径向距离。接收器的范围延伸到其边缘外[1,2]

3.1.2　Friis 传输方程的应用

前面一小节所得出的结论与一般认为的微波功率密度随距离的平方下降是相反的，Friis 传输方程可以写作：

$$\frac{P_r}{P_t} = \frac{A_t A_r}{\lambda^2 D^2} = \tau^2$$

其中，P_r 和 P_t 分别表示接收到和发射的能量。对于前一小节的情况，由于 $\tau > 1$，接收到的能量将超过发射的能量，这种不现实情况的发生是由于 $D < 2d/\lambda$，也就是接收天线还处于近场或者菲涅尔带[4]。需要注意的是，即使在地球同步轨道距离，所接收到的能量密度也不是均匀的，而是形成一个在中心处有最大值的能量分布，如图 2-5 所示。这种情况下，Friis 传输方程不能直接应用。而在通信应用中，以一个日本广播通信卫星参数为例，$d_t = 0.73$ m，$d_r = 0.37$ m，$\lambda = 0.025$ m，$D = 36\ 000$ km，则 τ 等于 2×10^{-7}，远远小于 1，与预期相符。

3.1.3　微波能量传输的特征

微波或无线能量传输的特征描述如下[5,6]。

（1）MPT 的应用

MPT 的主要应用是 SPS，3.6 小节（衍生技术）里描述了一些其他的应用，更多的应用见附录 A。

（2）MPT 信号的特征

由于使用未经调制的单色波，所以 SPS 的带宽很窄。电子与电气工程师协会（IEEE）微波杂志公布了对于频率 2.45 GHz 微波的干扰评估[7]。如果无线能量传输（WPT）频率的谐波受到国际电信联合会（ITU）功率密度（PFD）界限的约束，则必须进行一定的调制。

（3）频谱分类：ISM 或其他

目前，工业、科学和医学（ISM）频段的 2.45 GHz 和 5.8 GHz 在全球的频率分配中得到非常广泛的应用，并被用于 WPT 应用的验证和试验目的。2.45 GHz 的 ISM 频段（2 400～2 500 MHz）与 5.8 GHz 的 ISM 频段（5 725～5 875 MHz）被分配给各种不同的业务。最近，2.45 GHz 的 ISM 频段已被广泛应用于无线局域网（IEEE 802.11 b 和 g）。5.8 GHz 的 ISM 频段也被大量用于各种不同用途，其中，5 725～5 850 MHz 的频段被分配给无线电定位业务，且有望用于 ITU－R M.1543－1 中提到的专用短程通信（DSRC）；5 850～5 925 MHz 的频段被分配给固定/移动业务，并用于一些国家的地面电子新闻收集（ENG）。上半部分的 2.45～2.5 GHz 频率不能用于 SPS，主要由于其二次谐波（4.9～5.0 GHz）被分配给了射电天文业务。需要注意的是，这些商业化的应用一般被设计成低成本且易受到干扰和破坏。

（4）最合适的频段

由于高效传输对 SPS 很重要，所以，为了避免大气吸收和电离层闪烁，空间对地面进行 WPT（如 SPS 及相关卫星）的适当频率是 1～10 GHz（射电窗口）。由于 ISM 频段已广泛用于各个不同的领域，也应考虑使用这些频段以外的频率。由于与无线通信的兼容性是最重要的问题之一，未来将开展一些关于干涉的仿真分析。而对于其他非空间到地面的 WPT 应用，对应的合适频率可能是不同的[8]。

（5）对无线电传播的影响

在接收区域外，SPS 传输的微波辐射能量的强度应低于安全等级（1 mW/cm^2）。即使功率密度超过了安全等级，除了在强电场情形下[9]，未发现任何对无线电传播的影响。在太阳能发电卫星附近，微波功率密度很高，应通过实验来验证其对电离层和磁层的影响。

3.2　微波器件

本小节对于微波半导体和真空管进行介绍。

3.2.1　微波半导体

从制造的角度来看，当前的半导体技术发展应该对于 SPS 技术是有帮助的。全球电子工业和固态研究小组对于硅基器件、III－V族或其他化合物进行了广泛研究。最近在 GaN 和 SiC 技术方面的发展可能会带来功率输出方面的重大进步，但在空间应用的可靠性方面还需要进行验证。如果在空间进行冷却困难，那么这些器件的功率附加效率和热特性需要提高。在器件、电路和准光学级的相位锁定功率合成方案也很重要。

半导体空间功率合成振荡器阵列是针对 SPS[11] 提出的。振荡器阵列由光链路分配网络、相位校正回路以及扩展共振振荡器阵列组成。波束扫描能力也得到了研究。

Trew[12] 对于目前微波半导体技术的发展现状进行了回顾，微波固态器件和微波管技术的现有发展水平见图 3－3。砷化镓（GaAs）金属半导体场效应晶体管（MESFETs）、GaAs 赝高电子迁移率晶体管（PHEMTs）以及 SiC MESFET 是半导体中最好的。虽然单个固态器件的输出功率小于 100 W，但可通过功率合成和相控阵技术获得高功率输出。宽禁带半导体材料在近期的发展（如 SiC 与 GaN 基合金），为微波晶体管的设计和制造提供了良机，它使微波晶体管具有了以前只有微波管才具有的性能。由 4H－SiC MESFETs 和 AlGaN/GaN HFETs 制造的微波功率放大器具有的射频功率性能要优于由 GaAs MESFETs 或 Si 晶体管制作的同类器件，尤其是在高温情况下。

3.2.2　微波真空管

各种电子器件的频率与对应的平均射频功率的关系见图 3－3。一些 SPS 的设计采用了基于微波管的微波功率发射机，如速调管和TWT。电子管的特性是其效率高（＞70%）和功率输出高（通常从几百瓦至千瓦）。由于每个单元输出的微波功率在一些典型情况中只有几瓦到 10 瓦，所以来自电子管的高功率微波需通过功率分配器分

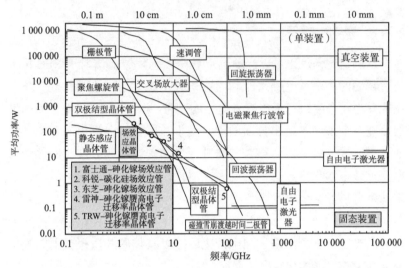

图 3-3 与各种电子器件[10]和半导体器件[12]频率相对应的平均射频输出功率

配给每个天线。最近的分析表明，从单位功率重量、直流电到微波的转换效率以及总成本等方面来看，采用真空管器件的微波功率传输系统要优于半导体器件。相对于其他微波器件来说，磁控管有很多优势。磁控管的输出功率比 NASA SPS 参考系统中采用的速调管要小得多。由于磁控管被广泛应用于微波炉，其生产量很大，所以成本不高。然而，由于磁控管不具有波束控制所需的频率和相位稳定性，所以，磁控管可以应用但并不完全适用于 SPS。

　　一种被称为相控磁控管（PCM）[13]的新概念微波发射机已得到开发，它同时满足了高效率和波束可控的要求。一种采用 PCM 的新型相控阵列系统也被提出用于 SPS。将通过控制阳极电流而进行的注入锁相技术和相位锁定回路（PLL）反馈技术应用于 PCM，就能够稳定并且控制微波的频率和相位。最近已提出一种采用相位与幅度受控磁控管（PACM）的相控阵列[14]。PACM 利用注入锁相技术和 PLL 反馈技术得到开发，其中，PLL 反馈到阳极电流用于频率和相位的控制，并且反馈到外部线圈电流，以控制用于幅度控制的磁场。

3.2.3　移相器和功率分配器

微波技术的发展对于 MPT 至关重要，以下是一些有待开发的微波器件。

（1）高效低谐波功率发射机。为避免与通信的干扰，需要极低的谐波和杂散辐射。

（2）低损耗移相器。由于二极管相位转换中损失的功率量级与所处理的功率相当，相位转换中使用的控制 PIN 二极管的驱动电流不能被忽略。

（3）低损耗功率分配器。高功率下的功率分配器损耗尤其高。

3.2.4　微波器件、电路和系统

（1）功率发生器件与电路

许多先进的固态器件在近期已得到开发和改进，例如，宽禁带器件（如 GaN）具有非常大的输出功率，尤其是在微波频率相对较低的 2.4 GHz 和 5.8 GHz。不仅对于这些器件，对于许多其他应用，都要求具有较好的线性特性和效率。从 SPS 对于微波器件极大需求量的生产角度来看，由于 III－V 族化合物不够丰富且成本更高，基于 III－V 族的器件缺点要高于基于 Si 的器件。相关的电路技术，如高效放大器技术，需要在保持线性特性的基础上进行改进，这对于常规的通信和雷达应用来说是一个挑战，而对 SPS 应用则成为主要问题。由于总功率极大，为减少在空间产生的热量，需要降低功率损耗。功率合成方案也得到了研究。尽管如此，到目前为止，还没有 MPT 已经能够实现的令人信服的实际结果。

寻找可替代的解决方案（如真空管技术）非常重要，并要时刻关注效率、线性和可靠性问题。

（2）波束控制

相对于传统相控阵系统中为了特定目标而提高天线增益，在 MPT 中，所有被传输的能量都应被接收。所以，波束指向成为另外一个重要问题。过去已对基于相位共轭或数字控制的反向方法及其组合方法进行了研究。这些技术，尤其与整个 SPS 的结构体系和控

制等方面相关的问题，应得到人们更多的关注。

（3）地面电力复原

基于高效二极管的整流天线已成为这个方向的主要方法。尽管在实验室环境里已经验证的直流—微波转换效率超过 80％，但是大规模应用下的可行性还没有得到验证。同时，电路技术和器件技术都存在改进的空间。如果存在任何其他的电力复原的方法，并且该方法具有潜在的较高系统效率，则应对其进行研究。

整流天线由天线和整流器组成，可将传输的微波转化为直流电，发展高效率的接收转化系统是非常重要的。微波接收区域的功率密度并不均匀，如何将整流天线单元和不同的输出功率组合，对于总效率来说也很重要。同时，应将二极管整流器的非线性所产生的谐波辐射减至最小。

（4）新技术

可以考虑利用新材料，如碳纳米管和其他特殊材料，包括人造材料或超材料/新器件，以开发新型器件和组件。从 MPT 的角度，而不是传统的微波通信和传感器应用的角度来看，电路的结构和技术需要新的进步，包括大功率、大规模应用、可制造性、效率、线性、可靠性和可控性等。

（5）有源集成天线

从微波角度考虑，由于 SPS 不同于传统的微波技术应用，如微波通信，需要针对 SPS 的需求发展一些独特的方向。其主要包括三个发展方向：频谱的纯度、大功率与高效率微波的产生及轻小型高效率探测器、大型相控阵列天线和超大数量子阵列的精确波束控制。

为解决微波技术的第 2 项要求，研究人员提出了三明治分层结构的大型板状模型。该结构的优点在于有效地集成了直流发电、微波电路与微波辐射及其控制。AIA 技术也在考虑之列，AIA 可定义为由集成电路和平面天线组成的单一实体，AIA 有很多特征可以应用于 SPS。AIA 具有小、轻、薄和多功能等特性，可以在薄的结构下实现空间天线的功率传输部分。

AIA 大致可以分为空腔型和阵列型两类，如图 3－4 所示。空腔型 AIA 由共振腔和增益介质板组成，增益介质板包括一个固态器件和一个辐射器,在此情况下,增益介质由模式锁定的高密度有源器件组成。在阵列型 AIA 中,采取了有源器件和辐射器的周期性布置的方式来实现所选择的模式。结果由于去除了共振腔,使得 AIA 变得更紧凑。利用 AIA 的这些特点,已提出许多应用方向。如图 3—5[15] 所示的 2×2 的 AIA 板阵列已经得到验证。

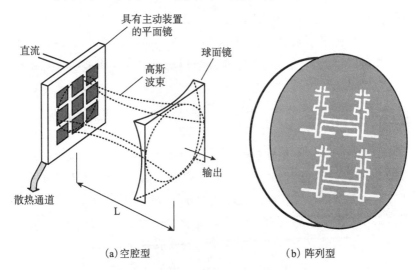

(a)空腔型　　　　　　　　　　(b)阵列型

图 3—4　AIA 分类[16]

图 3—5　2×2 的 AIA 板阵列[15]

3.3　波束控制

高效率传输是 SPS 的基础。为获得高传输效率，需要一个巨大的天线系统。由于系统非常巨大，不可能为所有单元都提供参考信号，所以，单元之间的相位同步就变得非常重要。在微波传输系统中采用了反向导引系统，以将功率传输到导引信号方向。在该系统中，需要精确的波束控制、低的旁瓣和栅瓣，也应该考虑放大器和相位误差的影响。

3.3.1　传输效率

如果阵列的所有单元都受到相同的激发，则增益系数和天线效率最高，但主瓣只能覆盖总能量的一部分。为了获得更高的传输效率，接收天线的位置必须覆盖第一个旁瓣，包括第一个零功率位置，这就需要更大的接收区域。由于扩展区域中包括一个功率较弱的区域，也使得其效率下降。旁瓣的量级会随着到中心距离的增加而缓慢降低，由于旁瓣具有较大的能量，可能会干扰附近的通信。当发射天线孔径的分布为高斯分布时可获得较高的传输效率。然而，输出功率在传输阵列中心最大会引起下面的问题，即发射天线中心放大器的输出功率最大，散热将变得非常困难。对于高斯分布而言，阵列中包括不同的输出功率，但效率很高。如果天线单元的相位通过优化算法（如遗传算法和粒子群算法[17]）进行适当的调节，也可以在等幅激励下获得与微波功率分布变窄相同的效果。

研究人员针对 SPS，提出三种天线结构：小型辐射器阵列、孔径阵列以及单孔径，并对它们的实现情况进行了比较[18]。

3.3.2　单元之间的相位同步

SPS 系统巨大，其天线阵列由很多单元组成。"单元"被定义为从天线指向的角度来看假定阵列表面为平坦的区域，其表面精度小于 0.1 个波长。SPS 天线系统很大（一般可以达到千米量级），因而不能将单个参考振荡器产生的参考信号进行分配。虽然对每个单元进行波束控制是可能的，但由于参考信号的相位不同，一个单元发射的波束可能会抵消另一个单元的波束。尽管参考信号可以通过电缆、光纤或无线电来进行分配，但必须考虑每个电路内部的电缆长度和相位变化，因此难以作为振荡器的相位参考。若使用各自独立的振荡器，则其对稳定性和精度的要求也非常严格，虽然可以对单元的频率进行同步，但单元的相位很难调节，关于单元相位调节的研究已经开始进行[19]。

3.3.3 反向导引

为指示位置，整流天线向 SPS 发送一个导引信号，SPS 系统将能量波束发送至整流天线，这被称为反向导引，即一个信号沿着输入信号的方向被反射回去，见 2.3.5 小节。来自每个天线单元的信号（无线电频率 RF）与本振（LO）混合，中频（IF）信号通过天线单元传输回发送的方向，该混合输出信号的下边带与接收信号的相位共轭，如下所示[20]：

$$V_{IF} = V_{RF} \cos(\omega_{RF} t + \theta_n) \times V_{LO} \cos(\omega_{LO} t)$$

$$= \frac{1}{2} V_{RF} V_{LO} \{ \cos[(\omega_{LO} - \omega_{RF}) t - \theta_n] + \cos[(\omega_{LO} + \omega_{RF}) t + \theta_n] \}$$

低频带相位部分 θ_n 的信号 $\omega_{LO} - \omega_{RF}$ 与输出信号 ω_{RF} 相反，这种系统称为硬件反向导引系统。从安全方面考虑，如果没有导引信号，就不能传输任何相干波束。对于硬件反向导引系统，所需硬件系统的数量与天线单元的数量相同，对于 SPS 而言，数量巨大，总量超过几亿。对每个单元进行校正非常困难，将该系统应用于全部单元是不现实的。

基于高电子活跃性晶体管（HEMT）AIA、采用高效率 AlGaN/GaN 的发射机和倍频器已得到验证[21]。基于上述原理的反向阵列应用以及 SPS 波束控制应用均已被提出来。如果 $\omega_{LO} = 2\omega_{RF}$，传输频率就等于导引频率 ω_{RF}。

　　一种反向控制发射机已经被研发出并得到验证[22]。一个子阵由63 个 5.8 GHz 的微带贴片发射天线和一个 2.9 GHz 的天线组成。验证中采用了两个子阵列，通过数字信号处理器在 10 MHz 的下行转化信号下获得了相位共轭。

3.3.4　软件反向导引系统

　　通过少量单元测量到达方向（DOA），并且将波束传输阵列的方向设置为 DOA 方向，可以实现反向导引。该方法较硬件方法而言成本较低，且可以采用多种不同的波束形成方法，我们称之为软件反向导引系统。该系统通过优化算法（如遗传算法和粒子群算法）来形成波束，以获得更低的旁瓣、更高的传输效率以及形成多波束。由于改变波束到达方向要求的响应时间可能比在通信应用中慢，所以软件反向导引系统预计在 SPS 中可行。

　　一种新的 SPS 波束控制系统已被提出并进行了验证[23]。该系统是一种软件反向导引系统，采用扩频导引信号用于 DOA 的估算，同样的频率也用于能量传输和导引信号的载波，且 DOA 的测量是在传输中进行的，其中还使用了带通滤波器和同步软件。

3.3.5　天线阵列的振幅和相位误差的影响

　　为了将最多的能量传输到地面并限制在非设计方向上的辐射强度（以免对现有的无线通信系统产生不良的影响），精确的波束控制是非常必要的，微波波束的中心应限制在天线中心 0.000 5°以内。对于这一苛刻的要求，需要使用反向导引系统。SPS 微波无线能量传输系统的波束控制精度将通过巨大数量的微波传输天线单元来实现。波束控制的精度与每个子阵列的相位误差和 $N^{-3/2}$ 成比例，其中 N 为子阵列的数量[24]，依赖于传输天线的直径和子阵列的间距。相位误差包括目标检测误差、结构变形误差以及相位转换误差。为实现到 MPT 系统 0.000 5°的波束控制精度，系统的总相位误差必须控制在几度以内。目前研究人员正在对这些技术开展研究[25]。需要提到的是,波束收集效率与波束控制精度同样重要,波束收集效率依赖于旁瓣和栅瓣,如果天线阵列的振幅和相位误差不大,则不会造成主波束方向的误差,但会引起旁瓣水平的增高和传输效率的降低,这些都不是 SPS 所期望的。

3.3.6 目前的天线技术和未来发展预测

SPS 对天线指标要求非常严格,最好的解决方法应为混合设计,即将阵列技术和可展开式反射器天线技术结合起来。对于这种方法,也可以使用一种稀疏阵列概念,即利用最小数量的单元填满最大的孔径。一种带有可重构波束控制反射器的天线系统已经被提出[26]。

优化算法(如遗传算法和粒子群算法[17])可用于优化阵列结构。目前,可以工作在选定频率下的直径达到 35 m 的网状反射器天线是可行的。此外,由于设计方案提出的窄带工作需求,也可以考虑非常大直径的膜展开菲涅尔反射器天线。这些反射器/菲涅尔天线可以被当作大型稀疏阵列的单元来使用。也需要考虑许多其他问题,包括阵列布局、单元之间类似甚长基线干涉测量(VLBI)的处理、稳定性和自校准以及功率处理等。

3.4 整流天线

整流天线由整流器(二极管)和天线组成,高效率的能量转化是基本要求。一颗典型的试验卫星在近地轨道利用 10~20 m 的正方形相控阵列天线,传输 100~400 kW 的 5.8 GHz 微波至地面,单个整流天线所能接收到的微波功率低于 1 mW,研究人员已经开发出针对如此低功率条件下的高效率整流天线。对于整流天线中二极管的非线性导致的谐波进行抑制问题也应当尽快得到研究。低功率整流天线技术可应用于普遍存在的功率源(见 3.6 节)和射频身份识别(RF—ID)[27]。

对于 SPS 所使用的大型整流天线阵列，微波束的功率密度在整个阵列面上并不均匀。由整流天线单元组成的大型整流天线阵列的输出功率依赖于其连接情况，由于每个单元的输出功率值不同，总输出的最优化就变得十分重要[28]。考虑到环境健康和安全性，SPS 系统整流天线处的功率密度需要保持在较低水平，有必要开发出一种适用于低功率条件的高效率整流天线。

对于高效率整流天线，采用具有低导通电压的二极管很重要。为了实现宽频带整流，采用了与标准匹配技术不同的方法，即在整流天线应用中，整流天线本身被纳入了阻抗匹配机制中，而不是单纯使用传输线进行阻抗匹配[29]。

两个或三个整流天线单元的总输出功率，依赖于在相同的微波环境下是以并联、串联还是混合的方式进行连接。主要的实验结果包括：并联连接的两个整流天线单元的直流输出功率总和大于串联的输出功率总和；除单元输出功率相等以外，两个整流天线单元的直流输出功率总和一般小于每个单元的直流输出功率之和；通过仔细的阵列单元平衡，整流天线阵列可获得较高的直流输出功率。基于这些实验结果，已经提出了高效率整流天线阵列整流天线单元的最优连接方案。基本类似的结论是，将整个阵列按功率密度的反比划分成小天线或小单元板的方案是有效的[30]。

前期研究的几乎所有整流天线都针对整流 100 mW 以上的功率，而对于微波输出电力为 1 mW 时，RF－DC 转换效率将低于 20%。京都大学最近已开发出一种毫瓦级的新型整流天线，所有的电路参数都是为了在微波输出功率为 1 mW 时获得更高的效率而设定的，新型整流天线在 1 mW 时的转换效率约为 50%。该新型整流天线由阻抗为 200 Ω 的共面线上的印刷电路偶极子、低通滤波器（LPF）和整流电路组成。

3.5 测量和校准

测量和校准对于 SPS 和 MPT 都很重要，本节描述 SPS 系统存在的一些问题和测试项目。

3.5.1　地面和空间的巨型天线阵列测量

微波测量对于评估功率、干扰和寄生辐射等都非常必要。SPS采用一个达到千米级的巨型发射天线阵，其辐射方向图和输出功率必须在发射之前进行评估，该系统需要进行反向导引。对于导引信号到达方向进行准确测量，以及在 36 000 km 的 GEO 将 SPS 的波束指向精度精确控制到小于 100 m 非常重要。

3.5.2　整流天线测量

由于在发射天线和整流天线中使用的整流器的非线性特性，发射机和整流天线都会产生谐波，已经提出一种新的测量谐波的方法[31]。

3.5.3　天线增益和相位误差的自校准

天线单元的误差导致了导引信号到达方向的估计误差和传输过程中的波束形成误差。对于具有大量单元的阵列，建立一个自校准系统非常重要。射电天文的 VLBI 系统使用已知恒星作为其参考进行自校准。

3.5.4　SPS 天线测试项目

3.5.4.1　基本原则

空间环境非常恶劣，存在极大的温度梯度、强太阳风和强烈电离辐射，只有在严格的实验室环境才能接近这样的物理条件。大型天线的测试不仅存在对真实天线孔径进行精密射频测量的难题，还包括为了精确预知恶劣的机械和热环境工作条件对于天线性能的影响以及如何设计试验的难题。

组成 SPS 天线的单元阵列的大型组件必须在单个结构级别上进行电磁和环境性能测试。天线的组成部分包括：

（1）基本辐射单元；

（2）在阵列下用于对基本单元的辐射图性能进行测试的尺寸足够大的子单元，子面板可能由几排及几列基本辐射器装配而成；

（3）天线单元，由形成 SPS 天线的辐射单元组成的阵列；

（4）整个 SPS 天线。

测试项目由辐射测量和数据采集组成，利用计算机模拟评估空间环境下的 SPS 天线性能。

3.5.4.2 SPS 天线单元测试项目

基本天线单元可以在接近空间的实验室条件下针对辐射和环境两种性能进行测试。

如果分析出在单元的前面（辐射面）和背面（馈入面）之间存在温度梯度，则应尽可能在辐射测试项目中重现这样的环境温度条件。

工作频带上的辐射方向图、增益以及馈入匹配条件，可以通过天线测试站、网络或天线分析仪等一般方法来进行评估，天线应放置在接近子阵列尺寸（下一小节将讨论）的地面平板上方。

人们关心的是空间环境条件下天线单元性能发生的变化。电离辐射、温度梯度和粒子轰击改变了结构材料的金属和介电性能。一些材料可能已经应用于空间，并存在其随时间变化的历史数据。不论是否使用新材料，建议对辐射单元进行加速老化测试，天线性能应在老化测试的不同时期进行评估，以确定其性能极限。

利用各个供应商提供的高自动化仪器，对于天线单元可以规定一套非常详细的增益和匹配条件测试项目。初始性能评估应当在辐射器的带宽上收集 100 次匹配和校准绝对增益的测量数据。而用于极化和交叉极化的半空间辐射图（轮廓图）则不需要这么多数据，在工作频带上只需 5 个记录即可满足要求。

当单元设计即将完成时，就可以根据辐射器的材料和几何形状来制定更多详细的测试项目。

3.5.4.3　SPS 天线子阵列测试项目

该项目主要是对地外环境条件下的阵列辐射单元性能进行评估，并对其增益、方向图和匹配条件随时间的影响进行研究。因为不可能在模拟空间环境条件下对于整个天线板的性能进行测试，这一步是必不可少的。如果可以对整个天线板进行测试，就可以跳过子阵列测试项目。尽管如此，不构建整个阵列天线，仅对阵列单元之间的相互耦合进行仿真仍是一种良好的工程实践方法。

通过阵列单元之间的相互耦合，可以从匹配性和辐射方向性能方面根本改变单个辐射器的性能。随着材料的老化，耦合状态会引起单元孔径上的强反射，并在覆盖天线的电介层产生表面波。主要结果可通过计算机模拟来进行预测，但是测试项目才是对于未来性能的保证。

不进行专门的单元物理设计，对于子阵列的研制只能给出一些一般的规则。最强烈的单元内部耦合出现在 E 面上，最弱的耦合出现在 H 面上。通过研制一个子面板为 11 行、5 列的微波辐射器，便可以通过单个单元反映出整个阵列的状态。只有子面板中心的单元需要激励，所有其他的单元可以连接终端匹配负载。

对于单个单元项目，通过测试来评估空间环境对于子面板辐射和匹配条件的影响，并且获取数据以验证 SPS 阵列性能的计算机模拟结果。

在研究温度梯度对辐射单元以及对机械支撑结构可能变形的影响进行测试的过程中，需要模拟出空间环境温度梯度条件。阵列材料随温度变化、电离和粒子辐射而老化的效应可以在测试中获得。阵列单元分布的细微变化会引起旁瓣性能的退化，需要对随 SPS 天线的可能退化而产生的增益、极化和匹配条件（回波损耗）改变进行详细的分析。

随着数据采集的计算机化，绝对增益和回波损耗测量损失可在 SPS 天线频带范围内，按照 100 个等频率间隔点进行测量。

在单个独立单元情况下，可以获得 E 面极化和交叉极化的半球面辐射图。

3.5.4.4　SPS 面板测试项目

SPS 天线通过大量阵列组装而成。这些天线的物理尺寸很大，在阵列尺度模拟空间温度梯度的成本将是不可接受的。通过子阵列测试数据，阵列单元可能的最大机械变形可以通过计算机进行模拟，且不需要进行测试。阵列测试由增益测量、辐射方向图以及辐射图（旁瓣的轮廓图）组成。如果天线板不是太大，以至于不能在开放的区域内使用天线转台进行测试，轮廓图并不难测量。

如果给定了 SPS 天线面板的尺寸，则增益和辐射方向的测量可以方便地在紧缩场进行[32]。根据文献［32］中给定的方法，可以对紧缩场内的许多测量误差进行补偿。球形和平面的紧缩场可用于这些测量。

在紧缩场内对于远端旁瓣进行评估总会进行取舍。在设计良好的开放区域绘制天线远端旁瓣的轮廓图是最好的方法。天线需要被安装在两轴或三轴的天线转台上。建议减小天线的尺寸，便于在开放区域开展测试，主要有两个原因：

（1）可以精确地绘制远旁瓣；

（2）有必要测试天线变形和天线间距变化对于旁瓣的影响。

尽管计算机模拟可精确预测几何变化对于旁瓣的影响，验证计算的精度仍是一种良好的工程实践。大型天线转台（如来自科学亚特兰大公司）可确保达到 100 kg 的大型、重型结构的高精度（几毫弧度）。建议至少对 SPS 的两块天线板建造支撑结构，以通过实验来测试天线间隔和变形对于增益和旁瓣性能的影响。

通过测试状态采集的数据，对于 SPS 天线性能建立真实的计算机模型变得可能。

上述分析指出，在封闭和开放的区域内对尽可能大的整体天线板进行测试是合理的。

3.5.4.5　SPS 天线测试

SPS 天线非常大，不可能在地面上进行整体测试。通过计算机模拟，可以在增益、波束宽度和近旁瓣等方面对天线性能进行足够精确的评估。

天线一旦入轨便可以进行精确测试。一系列的增益和辐射测试可以利用安装在飞机上的接收器或安装在地面上预定位置的一组射频接收器来完成。这些测量是为了验证前期测试状态下进行的计算机模拟。

这些测试应该在降低 SPS 射频功率的条件下进行，直到已测定波束定位在收集—接收器上，而且在设计区域外没有强的旁瓣辐射。

3.6　衍生技术

WPT 技术，包括 MPT 技术，不仅可以应用于 SPS，也可以应用于地面。WPT 和无线通信技术从本质上是同一种技术，都受到麦克斯韦方程组的约束，所不同的是如何利用电磁波，见图 3—6。对于无线通信，无线电波只作为信息载波。而 WPT 系统则利用无线电波本身，因此需要接收几乎所有的传输功率，并需要极窄的频带，效率对于 WPT 系统非常重要。两者的功率密度不同，WPT 采用的功率密度比通信高出多个数量级。能量载波原则上是未经调制的单色波。

WPT 相对于常规的利用固定导线进行电力传输的方式，其优点如下：

（1）由于 WPT 不需要任何输电线连接发电机和电力用户，所以发射机和接收机的位置具有更多的选择自由，甚至移动式发射机和接收机也都可用于 WPT 系统；

（2）一个发射站可以像广播一样同时给多个用户分配电力；

（3）称为整流天线的接收器比普遍使用的蓄电池和光伏电池更轻，而且只要 WPT 处于工作状态，便可在整流天线处获得电力，这就消除了对于由于电池耗尽引起的电力存储短缺的担忧。

尽管效率依赖于天线孔径的尺寸，WPT 的能量损耗较线路传输要小得多，对于需进行几万千米远程传输的 SPS 应用，传播中的能量损耗小于 1%。

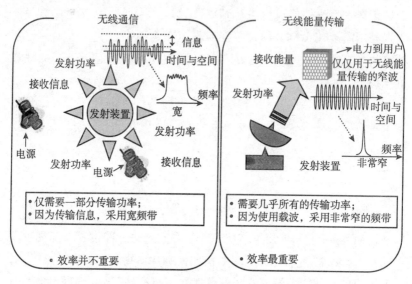

图 3—6　无线通信和无线能量传输之间的不同

(©RISH，京都大学)

　　MPT 的应用之一是对活动目标的能量传输，如不需要燃料的飞机、电动汽车（EV）以及有限区域内的移动机器人。20 世纪 80 年代末，加拿大提出研制一种称为静止高空中继平台（SHARP）的高海拔、持续时间长的平台项目[33]。这一项目是为了使无人轻型飞机能够长时间浮空，以实现在广阔区域内转播无线电信号，将飞机保持在海拔 21 km 的高度。为了保持平台浮空数周或数月，加拿大和日本提出了利用来自地面的微波能量作为动力的无燃料飞机，并进行了试验。在日本进行的试验称为微波驱动飞机试验（MILAX）[34]。在日本，为电动汽车进行 MPT 的思想也已被提出，并使用小尺寸的电动汽车功能模型完成了 MPT 试验。

　　MPT 的另外一个应用是进行无线方式的地对地能量传输，将能量传输到没有电网或电网分布非常稀少的偏远地区。1975 年在美国、1995～1996 年在日本，分别完成了两次试验。在日本的试验里，对于各种不同的天气条件下的微波能量传输的基本数据进行了采集，且进行了整流天线连接试验。地对地 MPT 的优点是，由于发射天线和接收天线之间没有线路，MPT 系统可以快速安装，并且易拆卸。因此，MPT 可提供紧急供电。

最近提出的 MPT 应用思想是"无所不在的电源"（UPS）和"无线电源"。在"无所不在的电源"概念中，功率通过微波形式被馈入，就可以在任何时间、从任何地点利用微弱的微波获得电能。在实验室进行的实验已在屏蔽室内完成[35]。UPS 概念中的微波利用与通信系统很相似，发射微波，多个接收机接收弱微波能量。

与 UPS 最类似的系统为 RF—ID。RF—ID 基于一块芯片，该芯片携带可通过无线电波读取的信息，芯片所使用的能量也通过无线电波提供。RF—ID 最普遍的应用是识别系统，也称为"IC 标签"，在标准化和研究方面受到全世界的关注。整流天线技术可用于 RF—ID 整流器，见表 3—1。

表 3—1　RF—ID 和频率[37]

频率	120～150 kHz	13.56 MHz	915 MHz	2.45 GHz
方法	电磁感应	电磁感应	微波	微波
距离	～50 cm	～1 m	～5 m	～1 m
价格	一般	好	很好	极好
应用	牲畜麻醉器（预防偷盗）牲畜控制	IC 卡行李控制		μ 芯片

RF—ID 仍处于发展阶段，目前，多数 RF—ID 研究采用了 915 MHz 频段。如果通过微波进行能量交换对 RF—ID 非常必要，那么也必然需要整流天线。尽管如此，据我们了解，目前只对通信需求开展了研究工作。日立公司已经提出了工作频率在 2.45 GHz 附近的微芯片[36]，这是一个超小型 RF—ID 芯片，称为 μ 芯片，其尺寸为 0.4 mm×0.4 mm×0.06 mm。研究人员正在对 μ 芯片进行研究，使其能够插入纸片中。μ 芯片的整流天线部分如图 3—7 和 3—8 所示。

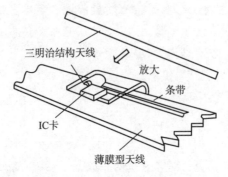

图 3—7　μ芯片天线

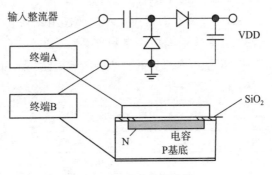

图 3—8　μ芯片整流器

参 考 文 献

[1] W. C. Brown, Beamed microwave power transmission and its application to space, IEEE Trans. Microwave Theory Tech. , vol. 40, no. 6, 1239—1250, 1992.

[2] Similar results are obtained in Uno, T. and S. Adachi, A design of microwave wireless power transmission by the aperture illumination of maximum transmission efficiency (in Japanese), IEICE Trans. , vol. J66—B, no. 8, 1013—1018, 1983.

[3] G. Goubau and F. Schwering, On the guided propagation of electromagnetic

wave beams, IRE Trans. Antennas and Propagation, AP—9, pp. 248—256, 1961.

[4] Kraus, J. D. , Antennas (2nd ed.), McGraw Hill, 1988.

[5] This is based on a Response to the Question ITU-R 210/1 on wireless power transmission in ITU by the following contribution; JAXA, Present status of wireless power transmission toward space experiments, Document No. 1A/53—E,ITU Radiocommunication study groups, October 1, 2004.

[6] Each item corresponds to that of the Question ITU-R210/1.

[7] T. Hatsuda, K. Ueno, and M. Inoue, Solar power satellite interference assessment, IEEE Microwave Magazine, vol. 3, no. 4, 65—70,December, 2002.

[8] Applications and Characteristics of Wireless Power Transmission, Document No. 1A/18— E, Task Group ITU-R WP1A, Reference Question 210/1, ITU Radiocommunication Study Group, October 9, 2000.

[9] Matsumoto, H. , Microwave power transmission from space and related nonlinear plasma effects, Radio Science Bulletin, no. 273, pp. 11 — 35, June 1995.

[10] V. L. Granatstein, P. K. Parker, and C. M. Armstrong, "Scanning the Technology: Vacuum Electronics at the Dawn of the Twenty-First Century," Proc. IEEE, vol. 87, pp. 702—716, May 1999.

[11] J. Choi and A. Mortazawi, Free-space power-combining oscillator array for solar power transmission, The Radio Science Bulletin, no. 311, 47 — 53, 2004.

[12] R. J. Trew, SiC and GaN Transistors—Is There One Winner for Microwave Power Applications? Proc. IEEE, vol. 90, no. 6, 1032—1047, June 2002.

[13] Naoki Shinohara, Hiroshi Matsumoto, and Kozo Hashimoto, Solar power station/satellite (SPS) with phase controlled magnetrons, IEICE Trans. Electron, E86—C, 1550—1555, 2003.

[14] Naoki Shinohara and Hiroshi Matsumoto, Design of Space Solar Power System (SSPS) with Phase and Amplitude Controlled Magnetron, Proc. of 2004 Asia-Pacific Radio Science Conference, pp. 624—626, 2004.

[15] Shigeo Kawasaki, A unit plate of a thin, multilayered active integrated antenna for a space solar power system, The Radio Science Bulletin, No. 310,

pp. 15—22, 2004.

[16] S. Kawasaki, A Patch-Plate Array Type of Active Integrated Array Antenna for SPS2000, ISAS Bulletin, 43, pp. 47—55, 2001.

[17] Y. Rahmat-Samii, et al, Particle Swarm Optimization (PSO): A novel paradigm for antenna designs, The Radio Science Bulletin, no. 305, 14—22, 2003.

[18] T. Takano, A. Sugawara, and S. Sasaki, System considerations of onboard antennas for SPS, The Radio Science Bulletin, no. 311, 16—20, 2004.

[19] Chernoff, R. , "Large Active Retrodirective Arrays for Space Applications," IEEE Trans. on Antennas & Propagation, vol. AP — 27, No. 4, pp. 489 — 496, July 1979.

[20] R. Y. Miyamoto and T. Itoh, Retrodirective arrays for wireless communications, IEEE Microwave Magazine, vol. 3, no. 1, 71—79, March 2002.

[21] K. M. K. H. Leong, et al. , Active antenna approach for power transmission. The Radio Science Bulletin, no. 311, 21—30, 04.

[22] F. E. Little, et al. , Development of a retrodirective control transmitter for wireless power transmission, ibid, 38—46, 2004.

[23] K. Hashimoto, et al, Space solar power system beam control with spread-spectrum pilot signals, ibid, 31—37, 2004.

[24] R. J. Mailloux, Phased array antenna handbook, Artech House, 1994.

[25] N. Shinohara, Y. Hisada, M. Mort, and JAXA SSPS WG4 Team, Request and Roadmap for Microwave Power Transmission System of Space Solar Power System (SSPS), Proc. of IAF2005, Japan, 2005.

[26] Varadan, V. K. , J. Xie, K. J. Vinoy, and H. Yoon, Nano-and Micro-Devices for Performance Improvement of Space Solar Power System, The Radio Science Bulletin, no. 310, 36—46, 2004.

[27] See, 3. 6 Spin-off technologies.

[28] Shinohara, N. and H. Matsumoto, Dependence of dc Output of a Rectenna Array on the Method of Interconnection of Its Array Elements, Electrical Engineering in Japan, 125, 9—17, 1998.

[29] J. A. Hagerty et al. , Recycling Ambient Microwave Energy with Broadband Rectenna Arrays, IEEE Trans. on Microwave Theory and Techniques,

vol. 52, Issue 3, pp. 1014—1024, March 2004.

[30] Murao, Y., and T. Takano, An Investigation on the Design of a Transmission Antennas and a Rectenna with Arrayed Apertures for Microwave Power Transmission, Electronics and Communications in Japan, vol. 83, no. 2, 1—9, 2000.

[31] Y. Fujino and M. Fujita, An experimental study of re-radiation of higher harmonic waves from a rectenna for microwave power reception, IEEJ Trans. vol. 117—A, No. 5, 490—495, 1997 (In Japanese).

[32] D. A. Leatherwood and E. B Joy, Plane Wave, Pattern Subtraction, Range Compensation, IEEE Trans. on Antenna and Propagation, vol. 49, No. 12, December 2001, pp 1843—1851.

[33] J. J. Schlesak, A. Alden and T. Ohno, A microwave powered high altitude platform, IEEE MTT-S Int. Symp. Digest, 283—286, 1988.

[34] H. Matsumoto, et al., MILAX Airplane Experiment and Model Airplane, 12th ISAS Space Energy Symposium, Tokyo, Japan, March 1993.

[35] N. Shinohara, T. Mitani, and H. Matsumoto, Study on Ubiquitous Power Source with Microwave Power Transmission, C07, Proc. Of URSI GA, India, 2005.

[36] M. Usami and M. Ohki, The μ-chip: an ultra-small 2, 45 GHz RF-ID chip for ubiquitous recognition applications, IETCE Trans, Electronics, vol. E86-C, no. 4, 521—528, 2003.

[37] SSK seminar, RF-ID business (in Japanese), January 23, 2004.

[38] M. Usami, An Ultra Small RF-ID Chip: μ-chip (in Japanese), Microwave Workshop MWE2003, WS09—01, Yokohama, Japan, Nov. 2003.

第4章　太阳能发电卫星的影响和效应

本章对 SPS 与空间和大气之间的相互作用、SPS 与通信和射电天文的兼容性、SPS 和 MPT 对人类健康和生物效应的影响做了简单介绍，总结了 SPS 的优势和劣势。为确保环境的安全和健康，微波传送波束中心的最大功率建议极限应该由窄调谐相控阵技术和自动波束散焦技术严格控制。

4.1　与空间和大气之间的相互作用

4.1.1　大气的影响

极少的研究小组针对微波对大气的可能影响进行过研究。目前的研究指出主要的潜在影响包括电离层电子的加热效应或空气的电离效应。通过对高层大气发生的瞬态发光事件的观察，对地球环境的电离过程提出了许多基本问题。很明显，所有影响大气电导率，进而影响全球电流的现象，都需要进行新的研究。

电离层的电子加热效应可能以不同的方式，影响电离层等离子体和大气，见图 4-1。这种影响可能在 100～250 km 的高度更加重要，这个区域控制电离层等离子体密度的主要化学过程是 O_2^+ 和 NO^+ 的电子重组过程。这明显与电子温度升高的水平有关。

降雨衰减可以基于 ITU－R PN618[2] 计算出来。以东京为例，由于其每年 0.01% 的时间（大约 52.5 min）降雨量为 50 mm/h，在 5.8 GHz 的比衰减为 $\gamma_R = 0.2$ dB。欧洲部分地区的降雨率参见图 4-1。由于有效路径长度 $L_e = 4.5$ km，衰减值为 $A = 0.9$ dB（81%）。但在 5 GHz 时，$\gamma_R = 0.1$ dB，$A = 0.45$ dB（90%）。因为在欧洲的降雨要少一些（图中可见），这些值都相对较小。

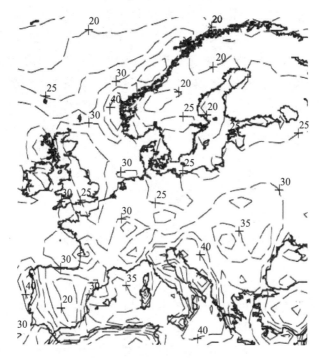

图4-1　平均每年超过 0.01% 时间的降雨率（mm/h）

（参考：ITU-R P.837-4）[1]

SPS 的微波波束会被雨水和冰雹所散射[3]。对于 $R = 50$ mm/h 的降雨量来说，在频率为 2.45 GHz 且高度角为 47° 情况下的衰减约为 0.015 dB/km。对于一个在整流天线面附近的地面微波中继链，在功率密度为 23 mW/cm² 的情况下所接收到的最大干扰强度为：

$$P = 6.7 \times 11^{-11} R^{1.4} h$$

上式中的 h（m）为散射长度。如果降雨量 R 等于 50~150 mm/h 且 h 等于 3~10 km，那么 P 等于 0.1~1 mW。尽管如此，这个量级并不会导致非线性问题，而且干扰可由滤波器消除。

Batanov et al[4] 已经从理论和实验两方面，对大气中高功率微波的影响做了研究。特别值得注意的是对于臭氧层破坏的实验研究。这一思想涉及到使用高功率电磁波进行人工电离大气。对应 6 GHz

连续波来说，在 15 km 范围内，场强度阈值和密度分别为 680 kV/m
和 6×10^4 W/cm^2。由于采用微波脉冲用于放电激励，击穿电场可能
会成倍地增高。虽然两个值比 SPS 对应的值还要高，也应看到微波
辐射对地球环境也有着积极的影响。同时需要研究和监控微波辐射
潜在的负面影响。

4.1.2　电离层的影响

虽然有许多出版物可供参考，但明确的电离层微波辐射影响的
结论性观测和传播模型还未产生。

（1）欧姆热效应

高功率微波对电离层的第一个明显影响是电阻或欧姆热效应。
无线电波的吸收可以根据电子密度和电子中性碰撞频率分布来计算。
在碰撞频率最高的低电离层（D 和 E 区域），微波影响最大。虽然这
种影响预期随着频率的增加而减小，但是这种影响仍然很明显。多
个作者计算过 3 GHz 微波的热效应[5]，这些作者估计对于约 16
mW/cm^2 的功率密度，电子温度能够从在 E 区域内的约 200 K 增加
到约 1 000 K。因为与温度相关的 O_2^+ 和 NO^+ 重组比率的降低，温
度升高会导致电子密度的减小。在 D 区域，O_2^+ 附着比率的增大也
会导致电子密度的减小。据我们所知，至今还没有对电离层的大功
率微波引起的电子热效应进行过测量。原因可能有两方面：在 D 区
域短期内测量电子温度的难度，以及微波加热实验的缺乏。即使具
有足够功率孔径的甚高频或超高频雷达可以产生热效应，也很难使
用它们同时作为加热和测量设备。值得注意的是，加热效应可能不
能利用麦克斯韦电子分布函数分析[6]，这个函数经常用在不相干散
射雷达的数据分析，因此标准分析方法可能并不适用。

已经利用火箭进行了微波发射实验[7]（发表在一篇论文中）[8]，
但是未能观察到欧姆热效应。然而，缺乏电离层中微波热效应的有
效测量方法，不应该成为怀疑由大功率微波引起的欧姆热效应存在
的真实性的理由，只能体现出目前的测量方法存在着不足。在这次

火箭飞行中，预期的加热效应低于 100 K，已低于朗缪尔（Lang-muir）探针的探测下限，而且被激发的等离子体量非常小[7]。

因为电离热效应的效率与无线电频率的平方成反比，所以大功率微波产生的热效应也可能相当于在较低频率、较低功率时的热效应。这可利用简单的大功率（～1 MW）短波（2～10 MHz）电离层修正或加热设施通过高增益（16～30 dB）的天线向上辐射来完成。通过电导率和电流调制实验[9]以及对极区中间层夏季雷达回波产生的剧烈热效应进行分析[10,11]，可以间接、明显地观察到 D 区域欧姆热效应。然而使用非相干散射雷达对温度增高的直接测量是困难的，也很少见[12]。

（2）自聚焦效应

热自聚焦的产生是正反馈回路的结果。小的自然密度波动引起的折射率在空间变化会引起微波轻度聚焦和散焦。电离层等离子体的轻微加热差异引起的温度梯度，趋于使等离子体离开聚焦区，因而放大了最初的扰动。这种效应是众所周知的，已经通过高频加热实验进行过研究。但是，还不清楚在微波频率远高于等离子体频率的情况，这种效应对稀薄的等离子体有多大的影响。

（3）三种波的相互作用

以上讨论的热效应是等离子体非谐振相互作用的结果。大功率微波的另外一个效应是通过谐振相互作用，特别是通过参数的不稳定性，产生等离子波。有几种理论的预言，即大功率微波可以产生电离层不稳定性。Matsumoto[13]和 Matsumoto et al.[7]验证了微波可以蜕变为前行电子等离子波（拉曼散射）或离子声波（布里渊散射）和后行次级微波。当激励与地磁场平行时，电子等离子波可能是朗缪尔波。或者当激励与磁场垂直时，是电子回旋波。Dysthe et al.[14]和 Cerisier et al[15]检测过了两种大功率微波，这两种微波的频率差与当地典型的电离层等离子体频率 2～10 MHz 相同。与两个电场乘积成正比的有质动力足够强大，以致于可以引起导致朗缪尔波生成的参数不稳定性。一个 1 GHz[16]附近的地基雷达实验的结果表明这种效应的确可能发生在电离层。三种波的相互影响预测在大约在 170 km 以上的 F 区域为最大。

除 Lavergnat et al.[16]雷达实验之外，据我们所知，只有另外一次在电离层由大功率微波传输产生等离子波的报道。大功率微波传输由来自日本母子火箭实验（MINIX）中的一个 830 W、2.45 GHz 的发射机产生，有 3/2 本地电子旋转频率的静电电子等离子波和超过在本地等离子频率以上的电子等离子波被观测到[17,7]，结果发表在一篇论文中[8]。结果发现激励波不同于最初理论估计[18]，简单三波耦合理论所预计的线性谱实际上是一个广谱，而且电子回旋谐波比朗缪尔波更强。以上两种特性都能通过充分应用非线性反馈，更真实的计算机仿真成功建模[19]。根据这些模拟结果，可以估算出 SPS 微波束能量的 0.01% 将会转化成静电子波。

总之，没有充足的电离层大功率微波实验，以确定作为波束损耗机理和等离子波和电离层热效应来源的不稳定性的重要程度。在卫星的临近区域功率密度较高，需要通过实验检测其对电离层的影响。如果采用多频率下传功率，要考虑到频率分离的选择，不希望对大气造成影响。

4.1.3　电推进对磁层的影响

SPS 建造过程中，需要大功率电推力系统。电推力系统喷射出由电极加速的重离子，电极由太阳光伏电池发电提供电力。对于绕赤道的轨道转移，重离子朝着与地球磁场垂直的方向喷射。这种喷射能够强烈地干扰等电离子环境下离子发动机周围的电磁环境，并且通过重离子波束和磁层等离子体的相互作用影响磁层。这种重离子波束和磁场的相互作用已经从理论上被研究过[20,21]。基于磁流体动力学（MHD）的分析，Chiu[20]预见了 Argon 电子喷射能够产生阿芬（Alfven）波，并沿着磁场下行至电离层并向被反射回来的方向传播。他也同时预见了 Argon 离子能够在磁场聚集，会极大地改变等离子环境。Curtis 和 Grebowsky[21]指出许多喷射离子束不会停在磁层。但是，这些不会停在磁层的相对少量的离子束可以引起磁层等离子数量的巨大变化。他们也估计了这种人工离子成分可能造成的磁层损耗机理。

重离子和周围磁化等离子场之间的相互作用，已经通过混合编程的粒子仿真研究过。其中，将电子视作中性流，离子运动看做粒子求解。作为对喷射的初始响应，伴随着磁流体波的产生以及相关的背景等离子体加热[22]，等离子体环境中会形成一个激波结构。

值得注意的是，加热过程和参数不稳定性也可以发生在卫星附近的等离子体层。等离子体很稀疏，但波动很强。这一区域的极低频（ELF）和特低频（ULF）波的人工产生或损耗，可能影响辐射带的动力特性。

4.2　与其他无线电业务和应用的兼容性

根据 ITU－R 无线电规则的规定，任何 SPS 系统不需要的发射，如栅瓣、旁瓣、载波噪声、谐波和频带外发射，必须要被有效地压制，以避免对其他的无线电业务和应用造成干扰。这不仅适用于任何完整的 SPS 系统，也适用于所有包括空间和地面正在发展、测试和中间阶段的 SPS 原型系统。因此，这是一个近期面临的问题，即使完整的系统实现之前可能需要几十年的时间。

大部分 SPS 微波系统可以使用约 2.5 GHz 或 5.8 GHz 的频带，这些微波系统在 ITU－R 无线电规则中被分配给许多无线电业务，也为 ISM 所使用。

ITU－R 无线电规则（RR），定义了 ISM 的应用范围如下。

RR1.15。（射频能量的）工业、科学和医学（ISM）应用，包括设备操作或设计产生和使用本地无线电频率能量用于工业、科学、医学、家用或类似目的，但不包含电信领域的应用。

注意，目前定义的 ISM 频段只在本地使用。

如下的无线电规则管理 ISM 应用的使用。

RR 5.150。如下波段，包括：13 553～13 567 kHz、26 957～27 283 kHz、40.66～40.70 MHz、902～928 MHz、2 400～2 500 MHz、5 725～5 875 MHz以及24～24.25 GHz 区域也分配给工业、科学和医学使用。在这些频段内开展的无线电通信业务必须要承受这些 ISM 应用引起的干扰信号。在这些频段中运行的 ISM 设备应与 RR15.13 规定相符。

RR15.13。管理部门要采取切实和必要的措施确保用于工业、科学和医学应用的设备辐射最小。波段外辐射等级要很小，不能对无线通信业务造成干扰，尤其是对无线电导航或其他安全业务操作产生干扰，与规则的规定相一致。

由于使用无调制的单频波，SPS 发射的设计带宽很窄。但要注意 4.1.2 部分提到的，如果采用多频率下传功率，要考虑到频率隔离的选择。

4.2.1 与射电天文等其他业务的兼容性

主要针对 2.45 GHz 的干扰估算已在 IEEE 微波杂志[23]上发表过。以下是部分 SPS 可能导致干扰的机理。

(1) 功率传输信号、谐波以及在基本频率参考中出现的任何旁带，会在系统的所有功率放大器中相干出现。

(2) 功率输出级产生的噪声。噪声不会在单个功率放大器间相干，所以不会像功率信号一样成波束传输，而是在更宽的角度上传播。如果放大器元件被调谐（如速调管），频谱可能只有几十兆赫宽，对于固态器件频谱可能变得更宽。

(3) 由太阳能电池阵产生的热噪声。这可以表示为微波频谱上辐射功率的一个重要带宽组成。

(4) 空间或地面收集阵列对大功率入射的反射，这可能发生在很宽的频带上。

(5) 放大器自身或者天线系统的故障引起的功率发射机在错误频率或者错误方向的杂散辐射。有故障的发射机是否会频率失锁，产生杂散模式或彻底失效，尚不能确定。

（6）整流天线产生的谐波和噪声。

（7）功率信号和其他在整流天线附近高强度电场区域非线性元件所产生的无线电信号的交调。

无线能量传输信号的载波噪声、谐波和杂散发射必须很小，以避免对其他正在运行的无线电业务的干扰。WPT 波束的栅瓣和旁瓣应该足够低，以尽可能减小影响区域。而且，栅瓣是发射功率的直接损失，所以应该被尽量减小。

对完整系统而不只是对单独的部件进行兼容性评估很重要。如果太阳能发电卫星要对未来能量需求提供重要贡献的话，就需要多个 1 GW 的系统。

2.45 GHz 和 5.8 GHz 的 ISM 波段在世界范围内有着广泛的应用。相关的应用包括无线控制器、微波炉、RF－ID、吹风机以及伐木机等。目前该波段已经用于实验和演示目的的 WPT 应用[21]。

2.45 GHz ISM 波段（2 400～2 500 MHz）和 5.8 GHz ISM 波段（5 725～5 875 MHz），已经分配给了其他业务。最近，2.45 GHz ISM 波段已在无线局域网中得到广泛使用（IEEE 802.11 b 及 IEEE 802.11 g）。2.45 GHz 无线局域网频率几乎占用了所有波段。

5.8 GHz ISM 波段也大量用于各种应用。5 725～5 850 MHz 波段分配给了无线电定位业务。在推荐（标准）ITU－R M.1543 中说明的 DSRC，也期望使用此波段。5 850～5 925 MHz 波段被分配给固定/移动业务，并在一些国家用于区域 ENG

2.45 GHz ISM 波段的第 2 阶、第 6 阶、第 9 阶和第 20 阶谐波与射电天文波段交叠（4.9～5.0 GHz、22.1～22.5 GHz 和 48.96～49.06 GHz）。预计临近 4.9 GHz 的干扰级别会比有害干扰阈值高很多（40 dB 或更高，根据系统决定）。因此，上半区 2.45～2.5 GHz 不能用于 SSPS。

5.8 GHz 波段的谐波情况比较好。然而，2.45 GHz 和 5.8 GHz 波段的许多谐波与 76～116 GHz 射电天文波段相交叠。

　　大功率发射机的杂散和频段外（OOB）发射很可能干扰临近射电天文波段。SPS 频率分配必须避免对使用灵敏无源接收器的射电天文应用的影响。杂散发射必须被有效抑制以保护射电天文业务。整流天线的位置必须远离射电天文观测点。因为射电天文是全被动的，而天体目标在发射强度上没有下限，其观测系统已经进步到极其灵敏的程度。

4.2.2　太阳能电池的反射和热发射[24,26]

　　在无线电区域，太阳能电池反射从 100 MHz 到 100 GHz 及以上的连续的太阳辐射频率。能量密度为（0.1～1）M×10^{-26} W/（m^2 · Hz）（宁静态/无太阳爆发）和（100～1 000）M×10^{-26} W/（m^2 · Hz）（太阳爆发）。

　　这些值比来自典型的宇宙射电源高 6 到 10 个数量级。这意味着这些反射可能影响到地球上一些特定地区的射电天文观测。

　　直径为 13 km 的太阳能电池阵列的视角大小接近于 1′，是太阳和月球视角的 1/30，比太阳系中最大的行星——木星的视角（约40″）稍大一些。由于 SPS 系统总会在相同的地点被观测到，这些系统会阻碍对那些天空区域的天文观测。甚至对于 JAXA 2002 模型，其主镜直径约为 3 km（视角约 15″），也会使许多天体目标永远无法被观测到。这个模型系统并不能大大增加地面的电力容量，随着多个这样的系统增加以形成一个完整的运行系统，这种影响会增加。

　　光学和红外天文会受到太阳能电池反射的影响。这在早期的 US系统研究中已经被广泛地研究过。国家研究委员会作出的结论是[27]："SPS 产生的漫射夜空亮光会严重干扰地球的光学天文测量。这种干扰集中在卫星弧的任意一边，会妨碍对微弱天文学目标的测量。"

　　SPS 对射电天文的重要影响由太阳能电池的被动热辐射所引起。不仅仅是功率发射的谐波范围，以地球同步轨道为中心的一部分区域也排除在宽频率观测范围外。举例来说，在 1978 年提出的 US 参考系统研究中，一颗卫星收集器产生的热辐射估计会产生约 10 dB，低于 ITU－R RA.769 建议的假设对于宽频范围的一个均匀增益天线的有害阈值。如果任意一个辐射指向射电望远镜，导致在轨道上的接收旁瓣在 10 dBi 以上，这个干扰就是有害的。对于 32～25 log（φ）旁瓣，意味着它的指向比相对轨道±7.5°更近。发射管或功率发生器也会产生噪声，如果这些功率放大器不是窄波段设备，带宽上会更宽。这种噪声比热噪声更强烈，但是依赖于所使用特殊装置的特性。

对于一个由多个卫星组成的完整系统，卫星会均匀连续地分布在地球同步轨道附近，这样对于任何射电或光学天文台，以轨道为中心的天空带在基本所有频段都会被永久阻挡。由如此宽波段噪声发射产生的对天空观测的重大损失是非常有害的。

然而，这样的一些影响可能会比较小。例如，对于图 2－31 中所示的 JAXA 2003 模型来说，被巨大镜面所反射的光是精确的直接反射到太阳能电池板上，而被太阳能电池反射的光则是沿着与到地球方向垂直的方向。

4.3　MPT 对人类健康和生物的效应

SPS 和无线能量传输的概念，设想了在空间利用太阳能发电并用于地球[28,29]。系统包括将一个太阳能发电卫星星座部署在地球同步轨道。使用 2.45 GHz 或 5.8 GHz 的微波波束，见表 2－3。每个卫星可为地面提供 1～6 GW 的电力。地面接收能量的整流天线是一个直径为 1～3.4 km 的结构。建议使用较高频率（5.8 GHz）的微波束，因为它有相似的大气透明度。虽然，从原则上讲，较高频率能够减小发射和接收天线的尺寸，但从表 2－3 可以看出，目前的设计已经趋于采用较大的发射天线和较小的整流天线。地面较大的功率密度能节省地面空间的使用，对于日本尤其如此。

1976 年至 1980 年间，美国能源部与 NASA 共同广泛深入地研究了 SPS—WPT 的可行性，这一努力产生了太阳能发电卫星参考系统概念。DOE—NASA 参考系统包括在地球静止轨道（5 km×10 km×0.5 km）部署一个太阳能发电卫星星座，轨道上的每一颗卫星采用 2.45 GHz 微波，能够给地面主要城市提供 5 GW 的电力。参考系统的 60 颗卫星具有总量 300 GW 的发电能力。发射天线直径大约 1 km，地面接收能量的整流天线尺寸是 10 km×13 km。

日本经济、贸易与工业部（METI）已经发表声明启动 SPS 研究，并计划在 2040 年前发射太阳能发电卫星和开始运行大型太阳能发电站。该计划希望设计和运行一个能确保微波不会干扰移动电话和其他无线电信业务的 SPS—WPT 系统。JAXA 已经提出并评估了 5.8 GHz 的不同系统结构，见表 2—3。例如，JAXA2 模型的地面最大功率密度为 100 mW/cm² （1 000 W/m²），小一些的发射系统在地面整流天线的功率密度为 26 mW/cm²（260 W/m²）。

虽然处于较低的优先级，也要不断地考虑多种环境和安全因素问题。微波辐射对生物和人体健康的影响是多年来一直研究的课题[30,31,32]。事实上，累积的数据已经可以为人类建立在各种暴露条件下的安全等级提供建议。举例来说，在 2.45 GHz 或 5.8 GHz[33] 的频段，国际非电离辐射防护委员会（ICNIRP）以及日本对于公众以及职业暴露的指导标准分别是 5 mW/cm² 或 1 mW/cm²。虽然 IEEE 规定在 2.45 GHz 或 5.8 GHz 频率，在对于可控或不可控暴露环境下允许的人体最大微波暴露限值的相应标准分别为：超过 6 min，平均功率密度为 8.16 mW/cm² 或 10 mW/cm²；超过 30 分钟，平均功率密度为 1.63 mW/cm² 或 3.87 mW/cm²[34]。IEEE 最近已修改了这一标准，与 ICNIRP 的标准接近[35]。可控或不可控环境是根据暴露的发生是否为暴露者个人所知或不知的情况来区别，与一般公众相比，通常解释为因职业需要暴露在微波辐射中的个人。

从表 2—3 中可以看出，在微波束中心的整流天线功率密度最大，建议功率密度在 23 mW/cm² 到 180 mW/cm² 范围内。在 2.45 GHz 频率，整流天线边界的设计功率密度为 1 mW/cm²。在整流天线边界以外 15 km 处，旁瓣功率密度将降低为 0.01 mW/cm²。很明显，在天线边界以外，潜在的辐射暴露低于目前对公众的允许标准。

高聚焦波束失控的危险，可以通过调谐相控阵技术和自动波束散焦技术分散能量来降到最小。散焦技术可以降低波束性能，变为各向同性辐射模式，这种模式可降低地面的功率密度[36]。

在微波波束中心附近，功率密度比可控环境的暴露值所允许的密度水平更高。除了维修人员外，当地人员通常不允许暴露在微波束中心附近区域。出于职业需要，需要采用如眼镜、手套和外衣等保护措施以减少暴露，使暴露在可允许水平。

然而，在 25 mW/cm² 的功率密度下，研究发现一些飞鸟能够探测到微波辐射。这说明，这些迁徙的飞鸟在整流天线上空飞过时，可能会干扰它们的飞行路线。而且，在更高的周围环境温度下，在 30 min 的暴露条件下[32]，体积较大的鸟比体积较小的鸟会受到更大的加热影响。这个结果与我们所了解的是一致的。体积较大的飞鸟，由于其身体质量较大，会比体积较小的鸟吸收相对更多剂量的微波辐射。由微波能量产生的额外热量会积存在体内，从而影响大体积飞鸟的热调节能力。为了保证环境健康和安全，"波束中心"微波传输功率密度的建议限值约为 25 mW/m²。值得注意的是，在 2 GHz[30,38] 以上的频率上，平均吸收会非常的稳定，除非频率变得非常高，如 10 GHz，这时皮肤效应会占主导。在 5.8 GHz 频率下的最大允许暴露基本与 2.45 GHz 相同。

我们必须讨论 SPS 系统产生的微波（高于 GHz）对人类健康造成的影响。关注微波能量安全已经有很长的历史[39]。

现代的射频微波干扰标准是基于严格的评估和相关科学文献阐释的结果而建立的。考虑到对人类产生潜在损害最敏感的比吸收率（SAR）阈值，不论作用机理的性质如何，都用作标准的基础。SAR 只与加热问题相关，而热效应被认为是微波对人类健康的唯一影响。

对整流天线内部最大微波功率密度的讨论是非常必要的。最大功率密度取决于天线尺寸和频率，直接影响总成本。对于目前的

JAXA2 模型，在整流天线中心，微波功率密度是 $100\ mW/m^2$，高于安全水平。这个区域应该处于严格控制下。在整流天线区域外，功率密度强度比安全水平要低。未来安全水平可能的改变会影响 SPS 的设计。

4.4　风险预防准则

　　事实上，任何新技术都要面对"风险预防准则"。正如一些论文中所描述的[40]，"风险预防准则"的应用方法已得到了很大的发展。一些管理机构为了进行风险管理，推荐了风险预防准则的应用准则。根据在给定时间内认定的风险以及必须实施的研究活动进行政治决策。就 SPS 技术应用而言，主要的风险是环境风险，具体包括如下内容。

　　(1) 必须使用现有的专门知识：识别和区分风险等级，并确定在系统准备和运行阶段需要连续监控的关键参数；

　　(2) 必须制订补充研究计划。

　　如果 URSI 委员会对 SPS 提出建议，一定要包含风险预防准则。

4.5　SPS 的优点和缺点总结

　　由于对清洁能源的需要日益增加，最近有关 SPS 项目发展的争论被重新激活。支持 SPS 理论的观点是基于实验数据和可行性技术的积累，而反对或怀疑的观点来自于 SPS 系统可能会对人类产生危害以及对射电天文或通信网络产生强烈的干扰等未知因素的担心。通过下面两个小节的内容，对这两方面的争论观点进行分类和列举。4.5.1 至 4.5.3 小节分别列出 SPS 的优点、缺点和其他问题，其中4.5.4 小节列出了有关 SPS 的优缺点问答。

4.5.1　SPS 的优势

　　(1) SPS 是可以替代化石燃料的最清洁的基础负载电力系统。

（2）SPS 是应对全球变暖问题最有前景的解决方式之一。

（3）可再生能源包括风、太阳能、地热和生物质能。SPS 是一种在运行中不释放 CO_2 的清洁能源。在众多非核能清洁能源中，SPS 被认为是唯一能够 24 h 提供基础负载电力的能源系统。

（4）由于 SPS 在运行中不产生 CO_2，它被认为可以减少 CO_2 的排放（见 2.1.2）。

（5）SPS 从空间传输到地球的能量比从太阳辐射到地球的总能量低 5 个数量级。所以，SPS 不会加剧全球变暖问题。

（6）为实现低成本的 SPS，应当继续开展对微波技术的研究。

（7）SPS 和射电天文在一些频率范围内可能不完全兼容，但基于人类社会未来可持续发展的优先考虑，需要将 SPS 作为一种选择方式。

4.5.2　SPS 的缺点

（1）经济和环境

1）大型空间结构的建造通常都是高成本和长周期的（见 2.1.4）。

2）在成本方面，SPS 既不等同，也不优于当前的电力系统（见 2.1.4）。

3）当 SPS 能量波束穿过大气（电离层、磁气圈和臭氧层）时，可能会破坏空间环境。

（2）发射和运输

1）由于担心轨道拥挤和对现有通信卫星的干扰，有人认为在地球同步轨道已经没有合适的空间建造类似 SPS 这样巨型的空间结构。

2）短期内难以建造巨型的空间结构。

3）空间碎片会对 SPS 造成严重的损害（见 2.3.1）。

4）有人认为建造、发射和运输 SPS 的能量会超过其作为一种电力系统所产生的电能。

5）如果使用现有的发射系统，那么建造成本将会非常高（见

2.1.4)。

6）高的建设成本以及长的工程周期会导致巨额的预算开支（见2.1.4）。

（3）安全性和兼容性

1）SPS 的微波可能对人类产生危害。

2）飞鸟可能遭受单频微波的影响。

3）SPS 的辐射与射电天文的研究不兼容（见 4.2.2）。

4）SPS 可能对其他电力设备造成损害。

5）SPS 运行时的故障产生的不可预知的有害辐射可能对现有通信网络和飞机造成影响（见 4.5.4）。

4.5.3　SPS 的其他问题

（1）人类是否真的需要 SPS，如果需要，应该何时引入我们的社会？

（2）为了得到公众的接受，微波强度的暴露等级必须低于政府基于科学研究所制定的标准。当前，大部分微波波束被设计为在地面接收整流天线边缘低于 1 mW/cm^2。由于故障对地面和飞机上的人群产生的辐射问题，可以通过高可靠性的技术避免。

（3）为了安全运行 SPS，必须通过地面发射的导引信号实现精确而可靠的高功率波束控制（见 4.2.1）。

（4）SPS 对于像飞机之类的飞行器是安全的。

（5）昆虫和植物不适合在接收整流天线下生存。

（6）整流天线应当被安置在对现存通信系统干扰最小的地方（见 4.2.1）。

（7）RLV 将 SPS 分系统发射到低轨道位置，在低轨 SPS 的一些分系统被组装并进行基本功能检测。这些分系统由 EOTV 运送至 GEO 位置。还不清楚如此复杂的建造过程是否可行，以及其中最大的部分——太阳能电池板是否可以直接运送到 GEO 位置（见 2.3.1）。

（8）射电天文的科学发现对于新技术的产生作出了很多贡献，通信系统对于我们的日常生活是必不可少的。因此，需要研究考虑 SPS 与它们的兼容性（见 4.2）。

相关研究主题包括：

（1）基于更高的可靠性得到正确的经济评估；

（2）与射电天文和通信系统的兼容性；

（3）观测由高功率波束引起的地球周围各层的变化。

4.5.4　SPS 的优缺点问答

目前，有很多针对 SPS 的疑问和反对意见，一些疑问很快就消失了，而另外一些问题又将在未来出现。下面是根据现有的知识了解，对最常见问题的解答。

（1）一般性问题

1）与地面太阳能相比，SPS 是否是更可再生和更加清洁的能源？

答案：是。对于基础负载能源，可再生是基本的要求。地面太阳能对于间断使用情况非常适合，但不适合作为基础负载供电。SPS 可以用做基础负载供电，而且整流天线下方的土地也可用于农业（见 2.1.3）。

（2）经济和环境问题

1）SPS 的成本高吗？

答案：SPS 发电成本与其他能源相比具有竞争力，而且有可能价格更低，其前提是大幅度降低发射成本。为了减少 SPS 的成本，创新的技术、尤其是无线电技术需要持续发展（见 2.1.4）。

2）SPS 对飞机有害吗？

答案：是。SPS 波束中心的能量密度高于美国联邦航空管理局（US FAA）的规定，这个区域必须在空中交通控制限制范围之外。

3）SPS 是否会影响电离层的短波传播？

答案：在电离层中，SPS 微波密度的非线性效应只发生在波束中心，如果短波传播受影响，影响的区域将主要限制在该区域（见4.1.2）。

4）SPS是否对大气的化学成分和臭氧层产生影响，从而对气候产生影响？

答案：没有影响（见4.1.1）。

5）离子发动机是否会破坏臭氧层？

答案：几乎不会。固体火箭使用的氯化氢能够破坏臭氧层。然而，SPS由可重复使用的火箭发射，不使用固体火箭。可重复使用的运载火箭采用液氢和液氧，它们对臭氧层的破坏预计很小。

6）SPS会改变夜空吗？

答案：近来的SPS模型中的太阳能电池或者反射器视角大小都比木星的视角小，而且由于反射面几乎是镜面反射，所以反射方向会受到限制（见4.2）。

7）从地球外部传输的能量会加剧全球变暖吗？

答案：不会。传输波束的能量密度比太阳光的密度更弱。地球上所利用的总能量只有到达地球的太阳能总量的 1/7 000。而且整流天线效率很高，产生的热辐射很小，且不会释放 CO_2。

8）SPS是否会成为巨大的太空垃圾？

答案：不会。目前采用的方式是将寿命末期的GEO卫星送入比GEO高几百公里的轨道。SPS的大部分部件可以多次用于未来的SPS构建，其余的部分将会被送回地球。

9）微波波束会成为武器吗？

答案：不会。SPS最大功率密度不会超过设计水平。微波武器在短距离内使用大功率脉冲，它的设计与SPS的设计大不相同（见4.3）。

10）用于建造SPS的能量是否会比从SPS获得的能量还要多？

答案：不会。回收建造SPS的能量（能量回收期）少于1年。

（3）发射和运输问题

1）地球同步轨道是否已没有空间？

答案：如果忽略频谱拥挤，卫星只需要约 64 km[41] 的间隔，相当于 0.1°的间距。为了避免使用相同频率的相邻通信卫星之间的信号干扰，信号干扰使得规则制定者要求卫星轨道间隔范围在 1 280 km 至 2 560 km（2°至 4°的间隔）之间或更远一些。SPS 能够在更小的轨道间隔内运行，还没有充分的研究说明 SPS 和通信卫星之间需要多大的空间。

（4）安全性和兼容性问题

1）迁徙的候鸟群是否会被烤熟或至少在途中受到影响？

答案：候鸟不会被烤熟。这个报道主要针对高于基线 SPS 系统波束中心极值 23 mW/cm² 能量密度而言。23 mW/cm² 的能量密度不会对候鸟产生很大的干扰，但如果功率密度增加 1 倍，则可能会对它们产生较大的影响[42]。

2）昆虫是否会受到 SPS 的影响？

答案：没有证据表明，从 1～50 mW/cm² 选定的功率密度、对应 2.45 GHz 频段的持续微波，会对蜜蜂产生生物效应。

3）SPS 安全吗？

答案：据目前所知，SPS 是安全的。整流天线周围微波波束的功率密度在安全标准范围内（见 4.3）。保守的政府安全准则允许的微波炉泄露功率密度为 5 mW/cm²。日本允许的功率密度为距微波炉 5 cm 距离的功率密度低于 1 mW/cm²。

4）SPS 波束如果指向错误的方位是否会产生危害？

答案：如果方向偏离整流天线站点位置，SPS 波束会散焦，波束密度会变得更低（见 3.2.3）。

5）SPS 是否会对通信产生干扰？

答案：可能产生干扰。毫无疑问，MPT 的栅瓣和旁瓣、谐波和杂散发射等都应该受到抑制，以避免对通信造成干扰（见 4.2）。

6）SPS 是否会对射电天文造成干扰？

答案：可能造成干扰。根据 ITU－R 无线电章程的条款，MPT 不需要的波束发射应该被有效地抑制，以避免对射电天文造成干扰（见 4.2）。

参 考 文 献

［1］ Recommendation ITU-R P. 837－4, Characteristics of precipitation for propagation modeling, ITU, 2003.

［2］ G. Maral and M. Bousquet, Satellite communications systems, 3rd Ed. , John Wiley &. Sons, 1993.

［3］ Furuhama, R. , and S. Ito, Effects of high power microwave propagation to unionized armospere (in Japanese), Review of the Radio Research Laboratories, Vol. 28, No. 148, 715－721, 1982.

［4］ Batanov, G. M. , Batanov, I. A. Kossyi, and V. P. Silakov, Plasma Physics Reports, Vol. 28, No. 3, 2002, pp. 204 － 228. (Translated from Fizika Plazmy, Vol. 28, No. 3, 2002, pp. 229－256.) Negative effects were first discussed by their group (G. A. Askar' yan, G. M. Batanov, I. A. Kossyi, and A. Yu Kostinskii, Sov. J. Plasma Phys, 17 (1), 48 － 55, January 1991) but they changed their idea from negative to positive.

［5］ Perkins, F. W. and R. G. Roble, Ionospheric heating by radio waves: Predictions for Arecibo and the satellite power station, J. Geophys. Res. , 83, A4, 1611－1624, 1978.

［6］ Stubbe, P. , Modifying effects of a strong electromagnetic wave upon a weakly ionized plasma: a kinetic description, Radio Sci. , 16, 3, 417－425, 1981.

［7］ Matsumoto et al. , Rocket experiment on non-linear interaction of high power microwave energy beam with the ionosphere: Project MINIX toward the solar power satellite, ISAS Space Energy Symposium, 69－76, 1982.

［8］ Rietveld, M. T. , Ground and in situ excitation of waves in the ionospheric plasma, J. Atmos. Terr. Phys. , 47, 12, 1283 － 1296, 1985 (review of poster paper presented at URSI General Assembly, Florence, 1984).

［9］ Stubbe, P. , H. Kopka, M. T. Rietveld, and R. L. Dowden, ELF and VLF wave generation by modulated heating of the current carrying lower ionosphere, J. Atmos. Terr. Phys. , 44, 12, 1123—1135, 1982.

[10] Chilson, P. B. , E. Belova, M. T. Rietveld, S. Kirkwood, U. -P. Hoppe, First artificially induced 4 modulation of PMSE using the EISCAT heating facility, Geophys. Res. Lett. , 27, 23, 3801—3804, 2000.

[11] Havnes, O. , C. La Hoz, L. I. Naesheim, M. T. Rietveld, First observations of the PMSE overshoot effect and its use for investigating the conditions in the summer mesosphere, Geophys Res. Lett. 30, 23, 2229, doi: 10. 1029/2003 GL018429, 2003.

[12] Kero, A. , T. Böinger, P. Pollari, E. Turunen and M. Rietveld, First EISCAT measurement of electron-gas temperature in the artificially heated D-region ionosphere, Ann. Geophysicae, 18, 9, 1210—1215, 2000.

[13] Matsumoto, H. , Numerical estimation of SPS microwave impact on ionospheric environment, Acta Astronautica, 9, 8, 493—497, 1982.

[14] Dysthe, K. B. ; Mjolhus, E. ; Trulsen, J. Nonlinear mixing in the ionosphere, Physica Scripta, 21, 122—128, 1980.

[15] Cerisier, J. C. , Lavergnat, J. ; Rihouey, J. J. ; Pellat, R. Generation of Langmuir waves by nonlinear wave-wave interaction in the ionosphere, J. Geophys. Res. , 86, 4731—4738, 1981.

[16] Lavergnat, J. , P. Bauer, J. Y. Delahaye, and R. Ney, onlinear sounding of the ionospheric plasma, Geophys. Res. Lett. , 4, 417—420, 1977.

[17] Matsumoto, H. , Microwave power transmission from space and related nonlinear plasma effects, Radio Science Bulletin, no. 273, pp. 11 — 35, June, 1995.

[18] Matsumoto, H. , H. Hirata, Y. Hashino, N. Shinohara, Theoretical analysis of nonlinear interaction of intense electromagnetic wave and plasma waves in the ionosphere, Electronics and Communications in Japan, Part3, 78, 11, 104—114, 1995b.

[19] Matsumoto, H. , Y. Hashino, H. Yashiro, N. Shinohara, Computer Simulation on Nonlinear interaction of Intense Microwaves with Space plasmas, Electronics and Communications in Japan, Part3, 78, 11, 89—103, 1995a.

[20] Chiu, Y. T. , Fate of Argon ion injection in the magnetosphere, AIAA Pa-

per 80—0891, 1980.

[21] Curtis, S. A. , and Grebowsky, J. M. , Energetic ion beam magnetosphere injection and solar power satellite transport, J. Geophys. Res. , Vol. 85, No. A4, 1729—1735, 1980.

[22] Y. Omura T. Sakakima, H. Usui, and H. Matsumoto, Computer experiments on interaction of heavy ion beam from a large-scale ion engine with magnetospheric plasma, IUGG 2003, Sapporo, (2003) .

[23] T. Hatsuda, K. Ueno, M. Inoue, Solar power satellite interference assessment, IEEE Microwave Magazine, vol. 3, No. 4, 65—70, December, 2002.

[24] A. R. Thompson, Effects of a satellite power system on ground-based radio and radar astronomy, Radio Science, 16, 35—45, 1981.

[25] Present status of wireless power transmission toward space experiments, Document No. 1A/53-E, Task Group ITU-R WPIA, Question 210/1, ITU Radiocommunication Study Group, October 1, 2004.

[26] Radiocommunication Study Group Document WP7D, submitted by Japan, February 1996.

[27] Electric Power from Orbit, a Critique of a Satellite Power System, National Academy Press, Washington, D. C. 1981.

[28] National Research Council, 2001, Laying the Foundation for Space Solar Power: An Assessment of NASA's Space Solar Power Investment Strategy, National Research Council, Washington, D. C.

[29] Lin, J, "Space Solar-Power Stations, Wireless Power Transmissions , and Biological Implications", IEEE Microwave Magazine, pp. 36—42, March 2002.

[30] Michaelson, S. and J. C. Lin, 1987, Biological Effects and Health Implications of Radiofrequency Radiation, Plenum Press, New York.

[31] Lin, J. C. , "Biological Aspects of Mobile Communication Fields," Wireless Networks, vol. 3, pp 439—453, 1997.

[32] Lin, J. C. , "Biological Effects of Microwave Radiation," In Electricity and Magnetism in Biology and Medicine. F. Bersani, ed. , Kluwer/Plenum, New York, pp 165—169, 1999.

[33] ICNIRP , " Guidelines for Limiting Exposure to Time-varying Electric,

Magnetic, and Electromagnetic Fields (Up to 300 GHz)," Health Physics, 74, 1998, pp. 494—522.

[34] IEEE, Standard for Safety Levels with Respect to Human Exposure to Radio Frequency Electromagnetic Fields, 3 kHz to 300 GHz, IEEE, New York, 1999.

[35] Lin, J. C.. The New IEEE Standard for Human Exposure to Radio-Frequency Radiation and the Current ICNIRP Guidelines, Radio Science Bulletin, No. 317, 61—63, June, 2006.

[36] Osepchuk, J. M. , Health and Safety Issues for Microwave Power Transmission, Solar Energy, 56: 53—60, 1996.

[37] U. S. DOE, Proceedings of Solar Power Satellite Program Review, Office of Energy Research, Department of Energy, Washington, D. C. , 1980.

[38] Lin, J. C. and O. P. Gandhi, "Computer Methods for Predicting Field Intensity," in Handbook of Biological Effects of Electromagnetic Fields, (C. Polk and E. Postow, Eds.), CRC Press, Boca Raton, pp 337 — 402, 1996.

[39] John M. Osepchuk and Ronald C. Petersen, "Historical Review of RF Exposure Standards and the International Committee on Electromagnetic Safety (ICES)", Bioelectromagnetics Supplement 6: S7—S16, 2003.

[40] See for instance Foster et al. , 2000, http: //www. biotech-info. net/science _ and _ PP. html.

[41] M. K. Macauley, Allocation of Orbit and Spectrum Resources for Regional Communications: What's at Stake? Discussion Paper 98—10, Resources for the future, December 1997 www. rff. org/Documents/RFF DP-98-10. pdf.

[42] http: //www. permanent. com/p-sps-bm. htm See also, R. Dickinson, "Estimated Avian Temperature Rise During Flyover of a 5. 8 GHz Wireless Power Transmission Beamer," WPT-2001, La Reunion Island, France, May 14—17, 2001.

第 5 章　国际无线电科学联合会与
太阳能发电卫星

5.1　技术

国际无线电科学联合会是国际科学理事会下的一个非政府和非赢利组织，负责在国际范围内鼓励和协调无线电科学领域的学习、研究、应用、科学交流和联系。下面简单说明 SPS 相关技术与白皮书附录 F 部分所列出的国际无线电科学联合会各科学委员会间的关系，并对与相关专业委员会紧密相关的不同技术问题进行描述。

委员会 D（电子学与光子学）主要致力于促进电子设备、电路、系统和应用的研究，委员会 D 对 SPS 技术，特别是 MPT 方面有着广泛的兴趣，委员会 D 所涵盖的重要技术领域与 MPT 直接相关。许多与委员会 D 相关的其他新兴领域，对于现有 MPT 的进一步发展有着非常重要的作用。更确切地说，委员会 D 的科学家和工程师的任务是，发现现有科技与可预见的新技术之间的差距，以改进现有技术的不足。另外，委员会 D 与装置及高频器件工业密切相关。在评定 MPT 的特定技术方面，可制造性应该是一个重要的判断标准，因为 SPS 需要大量电子器件，特定材料的可用性和可制造性也倍受关注。

委员会 D 的科学家和工程师在微波产生、波束控制和高效直流电复原，以及与微波设备、电路和系统有关的技术方面，发挥了重要的作用。这些活动也与委员会 B 主要关注的天线技术相关，包括低谐波、高效率移相器和低功率高效整流天线二极管的发展。

委员会 B 的关注领域是场和微波，包含场和微波的理论、分析、计算、试验和验证，重点领域之一是天线和辐射。巨型的天线阵对 SPS 的微波传送非常重要，SPS 需要高的微波能量传输效率（接收功率与发送功率的比值）。栅瓣和旁瓣必须被抑制以避免对于通信的干扰，并保证生物安全，这可以通过压窄天线阵输出功率的分布得到。

微波测量和校准对于评估功率、干扰、SPS 杂波发射和整流天线都非常必要，这就需要委员会 A（电磁测量）的贡献。委员会 A 致力于促进在时间和频率方面的测量和标准的研究发展，包括红外和可见光频率的时域、频域和通信等。

需要发展方向导引和自动校准系统，用于具有大量单元的 SPS 天线阵的校准。这些问题需要委员会 C（无线电通信系统与信号处理）研究的信号处理技术。委员会 C 主要促进无线电科学领域信号和图像处理方面的研究和发展。

5.2 环境

大气效应，包含微波波束对于臭氧层的影响、微波波束与电离层和空间等离子体之间的线性和非线性相互作用，应该通过理论、实验和计算机模拟来评估（委员会 F，波的传输与遥感；委员会 G，电离层无线电和传播，以及委员会 H，在等离子体中的波）。在 SPS 的建造过程中，必须依靠电推进将大量的材料从近地轨道运送到地球同步轨道。离子发动机喷射出加速离子，重离子与周围等离子的相互作用可能改变磁层的电磁环境，需要对这些等离子过程进行定量评价（委员会 H，涉及太阳/行星等离子相互作用的领域）。

大多数 SPS 系统都假定使用 2 400～2 500 MHz 或 5 725～5 875 MHz 的频率用于 MPT。SPS 与无线电通信和射电天文之间的兼容性问题对 URSI 非常重要（委员会 E，电磁噪声与干扰；委员会 J，

射电天文）

对于 SPS 微波发射对人类健康产生的可能影响进行评估，对于公众的接受是最重要的（委员会 K，生物学和医学中的电磁问题）。

第6章 深入阅读

（1）最近一本关于 SPS 的书，是由 P. E. Glaser，F. P. Davidson，K. I. Csigi，Eds 编写的，书名是"太阳能发电卫星（Wiley－Praxis，New York，1997）"。这本书由太阳能发电卫星概念、国际上与 SPS 相关的活动、地基和天基基础设施考虑、SPS 发展五部分组成，包括了大量的对于公众有用的关于 SPS 的主题。

详见 http：//www. praxis－publishing. co. uk/view. asp? id＝64&search＝home

（2）2001 年，美国国家科学出版社（华盛顿，D. C）出版了《国家科学委员会的评估报告——为空间太阳能发电奠定基础：NASA 空间太阳能电站投资研究战略评估》。美国议会逐渐对空间太阳能电站（SSP）产生了兴趣，并在 1999 年为 NASA 进行 SERT 研究提供拨款。这一报告包括了对于 SERT 计划及 SSP 后续研究技术（SSP R&T）计划的评估。

详见 http：//search. nap. edu/books/0309075971/html/

（3）AP－RASC（亚洲－太平洋无线电科学）会议于 2001 年 8 月在日本东京举行。此次会议由国际无线电科学联合会的日本国家委员会以及日本电子、信息和电信工程协会承办，由 URSI 提供资助。会议的几篇文章被冠以《太阳能发电卫星和无线能量传输》在 2002 年 12 月第 4 期第 3 卷的 IEEE 微波杂志专刊发表。这四篇文章涉及了在日本和美国开展的关于 SPS 对人类健康和干扰问题的研究。

详见 http：//ieeexplore. ieee. org/xpl/tocresult. jsp? isYear＝2002&isnumber＝25789&Submit32＝ Go＋To＋Issue

（4）关于 SSPS 的两个特别专刊，分别在 2004 年 9 月和 12 月的 310 号和 311 号无线电科学报告中发表。

这部分中的 11 篇文章是在 2003 年 7 月 3 日－4 日在日本京都大学举行的"2003 日本—美国空间太阳能发电系统（JUSPS'03）联合研讨会"邀请报告的基础上编写的。这些文章涉及 SPS 演示实验、微波半导体、微波管和微纳器件、有源和无源天线、功率合成器和反向导引系统领域，可以在下面的 URSI 网站获得相关信息。

http：//www. ursi. org/RSBissues/RSBSept2004. PDF

http：//www. ursi. org/RSBissues/RSBdecember2004. PDF

（5）微波能量传输的历史。推荐下面几篇文章可以加强对 MPT 的理解。

• W. C. Brown, The history of power transmission by radio waves, IEEE Trans. Microwave Theory and Techniques, MTT－32, pp. 1230－1242, 1984.

• W. C. Brown, The history of wireless power transmission, Solar Energy, vol. 56, 3－21, 1996.

• H. Matsumoto, Microwave power transmission from space and related nonlinear plasma effects, Radio Science Bulletin, no. 273, pp. 11－35, June, 1995.

（6）空间太阳能电站工作组（http：//www. sspi. gatech. edu/）对于如何为世界基础负载电力市场进行构建、投资、交付、支持、运行和维护空间太阳能发电系统，开展了持续的概念设计。《寂静的能源》一书，总结了迄今为止有关空间太阳能电站工作组（SSPW）的工作。

下面给出一些有关 SPS 的科幻小说。

（7）Ben Bova 的"Powersat"小说于 2005 年出版。一架试验低轨航天飞机在 20 万英尺高的地方发生了严重的故障，再入大气层时解体，飞机拖着了长达数百米的尾迹坠落到地球，这是人类太空发展史上最重要任务的开始。美国需要能量，Dan Randolph 决定将能量供给美国。他梦想着有一个地球同步轨道发电卫星队列，这些卫星能收集太阳能，并将这些能量传送给地球，这样美国就不用再依靠化石燃料，并永久摆脱石油联合组织的石油资源。但是，这架飞机的残骸留在他的公司，Astro 制造公司已濒临破产。

详见 http://books.bankhacker.com/Powersat＋％28The＋Grand＋Tour％29/

（8）Isaac Asimov，"我们如何发现的太阳能?"，1981 年出版。

自从第一个人在太阳下感到温暖后，我们就一直在利用太阳能。古罗马人发现了如何在玻璃温室中利用太阳的能量种植植物。但直到现代，人们才开始寻找利用太阳光和热的方法。随着其他燃料价格的升高，对太阳能的利用逐渐为人们所重视，但解决方法可能是在外太空中！

详见 Http://homepage.mac.com/jhjenkins/Asimov/book230.html

附录 A　世界微波能量传输活动

本章介绍了作为 SPS 基础的 MPT 技术及其应用。MPT 技术由 Bill Brown[1,2]在高功率微波发生器的基础上，在 20 世纪 60 年代基于能量可以由电磁波传输的预测提出。1968 年，Peter Glaser 将该技术应用于地球同步轨道卫星，提出了太阳能发电卫星概念[3]。

A.1　早期的历史

Brown[1]和 Matsumoto[5]回顾了微波能量传输的早期历史，建议阅读他们的文章。尼古拉·特斯拉（Nikola Tesla）首先提出无线能量传输思想，并基于这一思想开展了试验。Tesla 将特斯拉线圈与一个高 60 m、包括一个直径 90 cm 球（环形线圈）的桅杆连接在一起，300 kW 的功率馈入谐振频率为 150 kHz 的特斯拉线圈，特斯拉线圈在网上有详细的介绍[6]。图 A—1 是特斯拉位于美国纽约长岛的著名实验室和无线通信设施。其独特的 57 m 高塔已于 1917 年被毁坏，但 28 m² 的建筑仍默默地伫立在那里，作为特斯拉未完成的梦想的证明[4]。

本章的其余部分引自 Matsumoto 的文章[5]。由于有效的将微波聚集到能量接收站很大程度取决于利用小型天线和反射器的窄波束成型技术，人们期待发明高功率的微波器件以产生适合的短波电磁波。20 世纪 30 年代，随着磁控管和速调管的发明，高功率微波技术的发展取得了重大进步。虽然，A. W. Hull 在 1921 年就发明了磁控管，但 Kinjiro Okabe 在 1928 年提出分离式阳极磁控管之后，实用、高效的磁控管才引起了人们的注意。需要提到的是，以发明八木宇田天线而闻名的 H. Yagi 和 S. Uda，在 1926 年强调可以利用无线电

图 A—1　特斯拉塔[4]

波进行能量传输，深刻地预见了随后日本微波管时代的到来。1937年，基于 Heil 兄弟 1935 年在德国首次提出的想法，Varian 兄弟利用速调管产生了微波。第二次世界大战期间，雷达技术的发展加速了高功率微波发生器和天线的发展。日本秘密研究了用微波束进行连续波 CR 高功率传输，该项目称为"Z 项目"，旨在利用地面发射的高功率微波束击落空中轰炸机。两位诺贝尔奖金获得者 H. Yukawa 和 S. Tomonaga 参加了该项目。第二次世界大战之后，日本的磁控管立刻出现在美国的《电子学》书中。然而，高功率微波管技术的发展仍不足以进行实际的、连续的能量传输，而且在 20世纪 60 年代之前，并没有装置可以将微波能量再转化成直流电能。

　　William C. Brown 是微波能量传输应用的先驱，他详细总结了战后空间自由能量传输的研究历史。Brown 在 1904 年首次成功验证了微波动力直升机，在为工业界、科学界和医药界的应用所保留的频率范围 2.4～2.5 GHz，选用了 2.45 GHz 频率用于此次验证，见图 A—2。称为整流天线的将微波转换成直流电的能量转换装置被发明并用于微波动力直升机。第一个整流天线（见图 A—3）由 28 个半波偶极子组成，每个半波偶极子连接到由点接触半导体二极管组成的桥式整流器。后来，点接触半导体二极管被硅肖特基二极管取代，其微波—直流电转换效率也由原来的 40％提高到 84％，这个效率定义为整流天线的直流电输出与其接收的微波能量的比值。84％的高效率于 1975 年在美国喷气推进实验室的 Goldstone[7] 试验设备上进行微波能量传输验证时所取得，大型抛物面发射天线将电能传输到 1.6 km 远处的整流天线，直流输出功率为 30 kW。

图 A—2　以微波为动力的直升飞机。从整流天线接收并将
微波转化为电能，向发动机提供 200 W 的动力[1]

　　微波能量传输发展历史中一个重要的里程碑，是从 1977 年开始的为期 3 年的 DOE/NASA 发电卫星系统方案研究和评估计划。该计划对于太阳能发电卫星开展研究，设计了从太阳能发电卫星上将 5～10 GW 的能量通过波束传输到地面的整流天线。对太阳能发电卫星的进一步研究于 1980 年结束，共产生了 670 页的总结文件。1968 年，P. E. Glaser 首次提出了太阳能发电卫星概念，以满足空间和地面的电力需求，太阳能发电卫星的构想图如图 A—4 所示。太阳能发电卫星利用大面积的光伏电池产生几百到几千兆瓦的电力，并以微波的形式将产生的能量传输到地面接收天线。在实现太阳能发电卫星之前必须克服的众多关键技术领域中，微波能量传输技术是最重要的关键技术之一。存在的问题不仅包括高效率、高安全性微波能

量传输技术的发展，而且包括微波对空间等离子环境影响的科学分析。

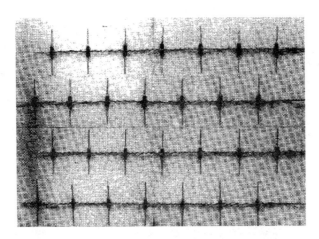

图 A-3　第一个整流天线。1963 年由 Raytheon 公司提出，由 R. H. George 在普渡大学建造并进行试验。它由 28 个半波偶极子组成，每个半波偶极子连接到由 4 个 1 N82 G 的点接触半导体二极管组成的桥式整流器。在估计 40% 的转化效率情况下，输出功率为 7 W[1]。

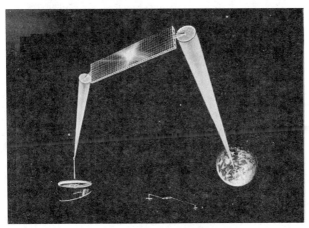

图 A-4　SPS 的艺术家构想图

（©RISH，京都大学）

A. 2　美国的活动

随着高功率微波管的研制成功，Brown 在 1964 年验证了以微波为动力的直升机。将微波发射到一个椭圆型的反射聚焦器，形成微波波束，见图 A—2。直升机由垂直系绳所约束，无线能量传输采用整流天线（整流器＋天线）将微波直接转换成直流电，所采用的频率为 ISM 所用频段内的 2.45 GHz。后来，他又进行了室内的微波能量传输实验，实现了 90％的直流直流转换效率[2]。喷气推进实验室随后又成功地将 30 kW 的能量在 2.5 GHz 频率下通过直径 26 m 的抛物型天线传输给距离 1.6 km 的整流天线，见图 A—5[7]。

图 A—5　1.54 km 距离的微波能量传输

利用光子反射进行微波驱动加速的方案已经被建议用于将探测器推进到很高的速度，以实现对外太阳系和邻近恒星探测的科学任务。波束驱动探测器的优点是能量只用于太阳帆和有效载荷的加速，而不用推进波束发生器[8]。

A. 3　加拿大的活动

世界首架利用地面微波传输作为动力的低燃料飞机在加拿大诞

生,该系统被称为 SHARP,见图 A—6,其 4.5 m 翼展的缩比模型
(1/8 模型)于 1987 年实现了首次飞行[9]。基于 SHARP 概念,飞机
将在 21 km 高空缓慢地盘旋飞行数月,在直径 600 km 范围内对通信
信号进行中继,同时采用一个高功率发射机在 2.45 GHz 频率下,将
能量以微波形式传输到在空中的飞机上,安装在飞机下表面的一个
专门定制的二极管天线印刷电路阵和相关的整流二极管将微波能量
转换成直流电用于发动机[9]。

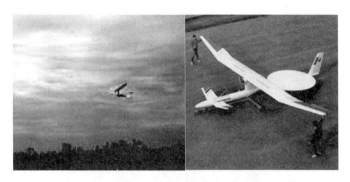

图 A—6　SHARP 飞行实验和 1/8 模型[10]

A.4　日本的活动

1983 年,在数值预测的基础上[11],日本开展了 MINIX(微波电
离层非线性影响实验)火箭实验(图 A—7)[12],这是世界上首个在电
离层进行的微波能量传输实验。该实验通过使用一个 2.45 GHz 频率
的微波炉磁控管验证了从一个子航天器向母航天器进行能量传输[13,14],
通过试验和计算机仿真评估了大功率微波与电离层的非线性影响[15]。

在 METS(空间微波能量传输)火箭实验中,利用一个固态相
控阵将能量传输到空间一个独立的整流天线(与美国联合进行的实
验)[16]。

1992 年对于以微波为动力的飞机进行了验证。飞机的微波功率
来自汽车上的一个固态相控阵列,频率为 2.41 GHz(MILAX,见

图 A—8)[17]。1995 年，2.45 GHz 的微波能量通过波束传输到安装有整流天线的氦气飞艇上，整流天线的输出功率达到 3 kW。这些实验的应用目标是在同温层建立一个可重复使用的高空通信平台。为了将微波能量传输技术应用于进行通信中继的同温层平台，开展了以微波为动力的飞艇实验[18]。卫星—卫星中继（电力供给卫星）是另一个应用方向[19]。

图 A—7　MINIX 世界上首次在电离层进行微波能量传输实验

（©RISH，京都大学）

点对点微波能量传输实验（图 A—9）以一个直径为 3 m 的抛物天线作为发射天线，3.2 m×3.6 m 的方形整流天线作为接收天线。发射天线和接收天线之间相距 42 m，发射功率为 5 kW，接收到的功率为 0.75 kW[20]。最近有人提出将微波能量传输技术用于电动交通工具的无线充电[21]。

目前已研制出一种非常小（0.4 mm×0.4 mm）的射频识别芯片（μ芯片），可广泛地用于各种识别应用。该芯片由 2.45 GHz 的微波提供能量，并采用相同的频率读取 128 bit 的内存数据[22]。

图 A—8　MILAX 飞机实验和飞机模型

（©RISH，京都大学）

图 A—9　日本进行的点对点微波能量传输实验

（©RISH，京都大学）

A.5　欧洲的活动

在法国的 Reunion 岛，科研人员研究了利用点对点无线能量传输将 10 kW 的电力输送到位于 Reunion 岛的一个称为 Grand Bassin 的孤立村子的可行性[23]。Grand Bassin 是 La Reunion 南部的一个孤立的小山村，位于高 1 km、宽 2 km 峡谷的底部，没有路能够到达，见图 A—10。目前，在工作日时有 40 个长住居民，周末有 100 多人住在该村。

图 A—10　法国 Reunion 岛的 Grand Bassin 村

参 考 文 献

[1] W. C. Brown, The history of power transmission by radio waves, IEEE Trans. Microwave Theory and Techniques, MTT—32, pp. 1230—1242, 1984.

[2] W. C. Brown, The history of wireless power transmission, Solar Energy, vol. 56, 3—21, 1996.

[3] P. E. Glaser, Power from the Sun: Its Future, Science, vol. 162, pp. 857—866, 1968.

[4] http: //www. tfcbooks. com/images/articles/tower_ sb. gif.

[5] H. Matsumoto, Microwave power transmission from space and related nonlinear plasma effects, Radio Science Bulletin, no. 273, pp. 11—35, June, 1995.

[6] http: //home. earthlink. net/~electronxlc/howworks. html.

[7] R. M. Dickinson. Performance of a high-power, 2. 388-GHz receiving array in wireless power transmission over1. 54 km, 1976 MTT-S Int. Microwave Symp. Digest, 139—141, 1976.

[8] James Benford, Flight and Spin of Microwave-driven Sails: First Experiments, Proc. Pulsed Power Plasma Science 2001, IEEE 01CH37251, 548, 2001.

[9] J. J. Schlesak, A. Alden and T. Ohno, A microwave powered high altitude platform, IEEE MTT-S Int. Symp. Digest, 283—286, 1988.

[10] http: //friendsofcrc. ca/SHARP/sharp. html.

[11] Matsumoto, H. , Numerical estimation of SPS microwave impact on ionospheric environment, Acta Astronautica, 9, 493—497, 1982.

[12] Matsumoto, H. , N. Kaya, I. Kimura, S. Miyatake, M. Nagatomo, and T. Obayashi, MINIX Project toward the Solar Power Satellite—Rocket experiment of microwave energy transmission and associated nonlinear plasma physics in the ionosphere, ISAS Space Energy Symposium, 69 — 76, 1982.

[13] Kaya, N. , H. Matsumoto, S. Miyatake, I. Kimura, M. Nagatomo and T. Obayashi, Nonlinear interaction of strong microwave beam with the ionosphere-MINIX Rocket Experiment, Space Power, Vol. 6, pp. 181—186, 1986.

[14] Nagatomo, M. , N. Kaya and H. Matsumoto, Engineering aspect of the microwave ionosphere nonlinear interaction experiment (MINIX) with a sounding rocket, Acta Astronautica, 13, pp. 23—29, 1986.

[15] Matsumoto, H. , and T. Kimura, Nonlinear excitation of electron cyclotron waves by a monochromatic strong microwave: Computer simulation analysis of the MINIX results, Space Power, vol. 6, 187—191, 1986.

[16] Kaya, N. , H. Matsumoto and R. Akiba, Rocket Experiment METS Microwave Energy Transmission in Space, Space Power, vol. 11, no. 3&4, pp. 267—274, 1992.

[17] Matsumoto, H. , et al. , "MILAX Airplane Experiment and Model Airplane," 12th ISAS Space Energy Symposium, Tokyo, Japan, March 1993.

[18] N. Kaya, S. Ida, Y. Fujino, and M. Fujita, Transmitting antenna system for airship demonstration (ETHER), Space Energy and Transportation, vol. 1, no. 4, pp. 237—245, 1996.

[19] Matsumoto, H. , N. Kaya, S. Kinai, T. Fujiwara, and J. Kochiyama, A Feasibility study of power supplying satellite (PSS), Space Power, 12, 1—6, 1993.

[20] M. Shimokura, N. Kaya, N. Shinohara, and H, Matsumoito, Point-to-point microwave power transmission experiment, Trans. Institute of Electric Engineers Japan, vol. 116—B, no. 6, pp. 648—653, 1996 (in Japanese) .

[21] N. Shinohara and H, Matsumoto, wireless charging for electric motor vehicles, IEICE Trans. Electron. , vol. J87-C, no. 5, pp. 433—443, 2004 (in Japanese) .

[22] M. Usami and M. Ohki, The μ-chip: an ultra-small 2, 45 GHz RF-ID chip for ubiquitous recognition applications, IETCE Trans, Electronics, vol. E86-C, no. 4, 521—528, 2003.

[23] A. Celeste, P. Jeanty, and G Pignolet, Case study in Reunion island, Acta Astronautica, vol. 54, pp. 253—258, 2004.

附录 B　各种太阳能发电卫星模型

本章介绍了相关网站介绍的各种 SPS 模型。

B.1　Glaser 的 SPS 概念方案

1968 年，Peter Glaser 在《科学》杂志上提出了在地球同步轨道上布置两颗太阳能发电卫星的概念。作为一个例子，他提出通过光电转换获得直流电，并利用速调管行波放大器进行直流电—射频转化。如图 B—1 所示。在太阳能电池阵直径为 6 km 的情况下，转换

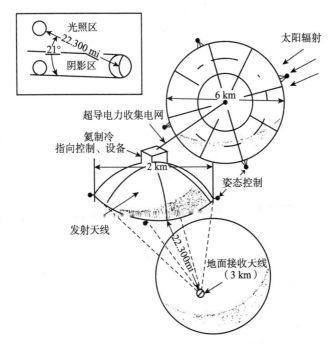

图 B—1　Glaser 的 SPS 方案（原图）

效率假设为 15%，则能够获得 6 GW 的电能。太阳能发电卫星的太阳
能电池几乎每天都指向太阳，除了在每年的春分和秋分附近的两个 42
天的时间周期内，会出现地球遮挡卫星的现象，在午夜会出现最长
72 min 的阴影。好在这种情况发生在夜晚，大部分工业和居民用户都
处于休息状态，而且在春季和秋季，对加热和空调的需求也是最少的。

B.2　SPS 2000[2,3]

SPS 2000 外型类似一个三棱柱，高 303 m，侧边长 336 m，见
图 B—2。三棱柱的轴位于经度方向，垂直于轨道运动方向。能量传
输天线——空间天线安装在底面，指向地球，其他的两个表面用于
安装太阳能电池板。

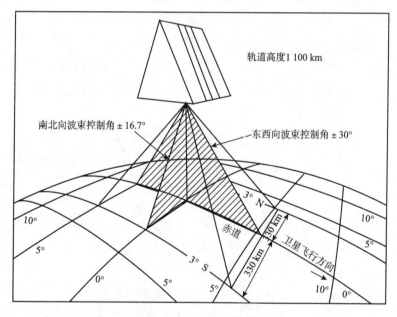

图 B—2　SPS 2000 外观图

SPS 2000 运行在赤道上方高 1 100 km 的近地轨道，选择该轨道
可以最大程度地减小运输成本，并且可以减小从空间进行能量传输

的距离。空间天线被构建成一个相控阵天线，它将微波束指向发射
导引信号的发电系统地面段——整流天线。因此，空间天线必须是
一个尺寸巨大的相控阵天线，具有反向波束控制能力。微波电路与
每个天线单元连接，并由巨型太阳帆板产生的直流电所驱动。2.45
GHz 频率被分配用于进行从空间到地面的能量传输。波束扫描角的
范围是经度方向±30°，纬度方向±16.7°。图 B—2 表示了微波波束控
制方案与整流天线的位置。SPS 2000 专门提供对赤道地区的服务，特
别是发展中国家中地理比较孤立的地区。空间天线是 132 m×132 m 的
正方形天线，能均匀地安装 1 936 个子阵。一个子阵作为相控的一个
部件，也呈正方形，边长为 3 m。一个子阵包括 1 320 个背腔式缝隙天
线单元和直流—射频电路，因此，空间天线将包含约 260 万个天线
单元。

B. 3　太阳盘（Solar Disc）[4]

　　Solar Disc 空间太阳能方案对降低大型地球同步轨道卫星的开发
和寿命周期成本是一个革命性的设想，特别是该系统方案包含了可
扩展的轴对称、模块化的空间段，空间段可以在地球同步轨道逐渐
增长，并能在降低功率水平的情况下提供早期的应用能力，见图
B—3。该方案使用一对卫星/地面接收系统，系统规模将根据市场需
求而定（在 1 GW 到 10 GW 之间）。

　　该方案由于采用了大量的模块化设计，因此，单独的系统部件
相对较小，制造的成本比较适中，地面测试不需要新的设施，可以
通过一个缩比模型进行飞行论证。从第一颗卫星制造开始，就可以
进行批量生产。

　　Solar Disc 方案是一个大型的运行在地球同步轨道、利用微波进
行能量传输的空间太阳能发电系统。每颗卫星像一个大型的指向地
球的太阳盘，直径大约为 3～6 km，这一太阳盘连续地指向太阳，
盘的中心装有一个集电器，将每段太阳光伏盘的电力集中在一起。

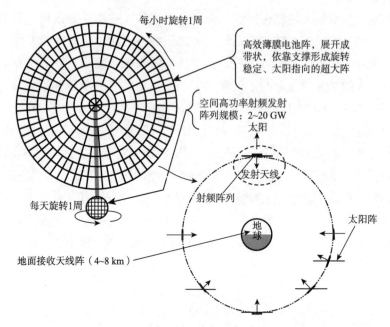

图 B-3　5 GW 太阳盘太阳发电卫星系统方案

电力通过一个冗余结构（像自行车前轮的分叉）传输到连续指向地球、直径为 1 km 的相控阵天线上。该方案计划使用 5.8 GHz 的频率从运行的地球同步轨道位置将 2～8 GW 的射频能量发送到地球，总的波束控制能力是 10°（±5°）。一个单一的传输单元为直径约 5 cm 的六边形。这些单元集成在子组件中，在轨道上进行最后的组装。发射机阵列是一个单元和子组件板，接近圆形，总直径约 1 000 m，厚度约 1.5～3 m。

太阳光—电能转换通过薄膜 PV 天线阵实现。该系统在子单元级是比较大的模块，宽 2～4 m 的同心环部件可扩展。能量收集系统一直指向太阳（通过角动量定向）。能量转换和电力调节系统中的散热采用被动热控方式，在需要的部分采取主动冷却，热控系统采用模块化设计并集成在能量传输系统中。

Solar Disc 方案采用的地面接收系统是一个直径 5～6 km 的接收站，可以将电能直接接入当地的电网接口。空间段可与多个地面段

兼容，尤其一个 Solar Disc 太阳能发电卫星可以分时段向多个地面站
（10～20 个量级）供电。作为主能源，不需要地基能量储存系统。

B.4　算盘反射器构型

1.2 GW 的算盘卫星构型如图 B—4。算盘卫星构型简单，由惯
性指向的 3.2 km×3.2 km 太阳电池阵平台、一个与平台相连的直径
500 m 的微波发射天线，以及一个指向地球的 500 m×700 m 的旋转
反射器组成。由于微波反射器的尺寸与天线的尺寸相匹配，因此有
必要对反射器的尺寸影响进行预估。

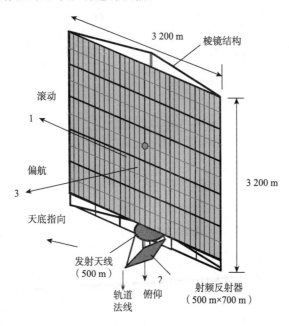

图 B—4　算盘反射器

B.5　NEDO 模型[6]

日本国家能源开发办公室（NEDO）、三菱研究所（MRI）和日

本贸易工业部在 1994 年提出了一个太阳发电卫星模型，见图 B—5。该模型基本是在 NASA/DOE 于 20 年前提出的模型基础上改进而来的。发电系统采用晶体或非晶体硅太阳能电池，发射机采用固态功率放大器（SSPA）或速调管，频率为 2.45 GHz，天线采用偶极天线阵。地面的输出功率为 1 GW，采用旋转关节连接。

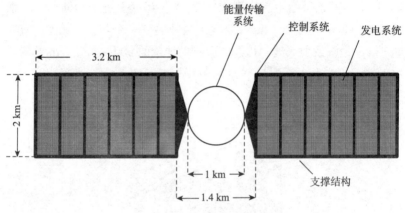

图 B—5　NEDO 太阳能发电卫星

B.6　JAXA 模型

　　JAXA，即以前的 NASDA，研究了太阳能发电卫星的概念方案、不同部件级的方案和技术可行性。JAXA 提出一种 5.8 GHz 1 GW的太阳能发电卫星模型，对于多种卫星构型进行了研究，并进行了评估和改进。JAXA 于 2003 年提出的模型如图 B—6 所示。主镜可以利用升力独立运行，采用编队飞行主镜系统可以避免采用旋转关节，整个系统的机械结构更稳定、更可靠。选用波长选择薄膜可以减小一些不需要的波长。同时也提出了一种三明治式结构方案，在该方案中，太阳辐射在前面接收，在背面进行微波辐射，需要采用某种模块进行联接。

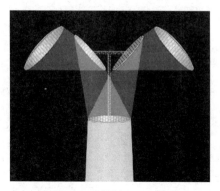

图 B-6　JAXA 2003 模型

B.7　发展路线图

美国 NASA 和 JAXA 正基于各自的发展路线图，积极推进太阳能发电卫星的发展，见图 B-7、图 B-8。如第 5 章所述，每个 UR-SI 分委会将在太阳能发电卫星的各个方面发挥作用。

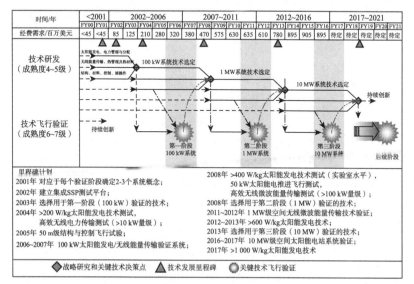

图 B-7　美国 SERT 空间太阳能电站发展路线图

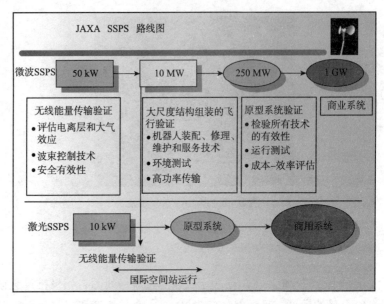

图 B—8　日本空间太阳能电站发展路线图

参 考 文 献

[1] P. Glaser，Science，Vol. 162，22 Nov. 1968.

[2] M Nagatomo，S Sasaki & Y Naruo，"Conceptual study of a solar power satellite，SPS 2000"，Proc. ISTS，Paper No. ISTS—94—e—04，1994.

[3] M Omiya & K Itoh，"Development of a Functional System Model of the Solar Power Satellite，SPS2000"，Proceedings of ISAP 96，Chiba，Japan.

[4] J. C. Mankins，Acta Astronautica，vol. 41，Nos. 4—10，347—359，1997.

[5] http：//flightprojects. msfc. nasa. gov/pdf _ files/SSP _ concepts. pdf.

[6] http：//techreports. larc. nasa. gov/ltrs/PDF/2001/aiaa/NASA-aiaa-2001-4273. pdf.

[7] Research of SPS System（in Japanese），NEDO（New Energy Development Organization）/MRI（Mitsubishi Research Institute），Ministry of Trade and Industry，1992，1993，and 1994.

附录 C 美国的研究工作

NASA 的空间太阳能电站研究工作

前言

在过去 10 年间，美国 NASA 对于大规模、经济上可行的 SSP 系统进行了一系列的研究和技术开发。关于 SSP 在空间和地面应用的研究工作包括如下内容。

(1) Fresh Look 研究（1995～1997 年）；

(2) SSP 概念定义研究（1998 年）；

(3) SSP 探索研究技术计划（SERT）（1999～2001 年）；

(4) NASA 与国家科学基金会联合开展的 SSP 研究和技术计划（2001～2003 年）；

(5) 作为探索系统研究和技术（ESRT）计划一部分的相关技术研究（2004～2005 年）。

Fresh Look 研究期间，大约审查了 30 个 SSP 系统概念，其中最有前景的太阳能发电卫星概念是太阳塔（Sun Tower）方案。这是一个长约 15 km、利用重力梯度稳定的卫星，既可运行在近地轨道，又可以运行在地球同步轨道。太阳塔方案使用有源、固态相控阵进行无线能量传输，使用可膨胀菲涅尔透镜聚光器进行太阳能发电。在 SSP 概念定义研究期间，对于不同的太阳塔方案和其他方案进行了分析，SSP 管理团队也吸收了几个正在进行的技术开发项目。1999 年，SERT 计划启动了重点技术研发计划，开展了系统分析和综合研究，并研究了 SSP 系统验证方案。这些工作引发了 SSP 技术发展总体线路图工作的开展。2000 年，美国国家研究委员会

（NRC）对这项工作进行了评审。之后，NASA－NSF 联合开展的研究计划（2001～2002 年）以及 ESRT 计划（2004～2005 年）在空间太阳发电系统的关键技术上开展了重要的研究。

本节总结了 NASA 在过去 10 年进行的包括 SPS 和相关研究工作，包括如下一些主题：

（1）概述：什么是空间太阳能电站？为什么空间太阳能电站是一种重要的选择方式？

（2）美国 SPS 和 SSP 活动简史（1960～1970 年代）。

（3）近期 NASA 的活动（1995～2005 年）。

（4）未来的方向。

C.1　概述

许多团队对于大型 SSP 系统开展的研究工作已经超过 30 年。但在 NASA 近期的研究工作之前，美国对大型 SSP 概念（即 SPS）用于地面市场的主要研究是在 20 世纪 70 年代末进行的。在几年的研究努力之后（投资超过 5 千万美元），研究项目被取消。原因是支持大规模空间建造所需的空间运输和空间基础设施的技术风险和前期成本太高。近几年，技术的进步重新引发了人们对于将大型空间太阳能发电卫星系统作为潜在长期清洁能源方案、并用于地面市场的兴趣。这些技术进步对重新考虑空间太阳能发电的发展至关重要，特别是由于全球能源需求持续剧烈增长，以及使用现有技术生产能源所带来的环境问题的持续增加。

C.1.1　什么是空间太阳能电站

空间太阳能电站的基本概念是在空间收集太阳能并将它传送给地面用于电力分配，这与 1970 年代研究的 SPS 基本概念一致。由于过去 20～30 年开发了很多新技术，最新的一系列研究产生了对于该概念的新看法。与 1970 年代一样，目前人们希望寻求一种丰富、经

济可行、环保并符合国家安全的全球能源解决方案。由于 1970 年代
的关键技术和空间基础设施水平，SPS 在成本可行性方面是失败的。
目前，SSP 的许多关键技术有了显著的发展，并且已经确定了可以
在未来 20 年建造大型发电卫星的技术研发途径。

C.1.2　为什么空间太阳能电站是一种重要的解决方式

　　未来几十年，全球能源需求将急剧增长，由于发电量增长而产
生的环境影响的处理，将成为一个日益严重的国际问题。受到人类
对月球和火星的探索、对外行星的空间科学任务以及对于近地轨道
和地球同步轨道进行大规模商业开发的驱动，对空间发电的需求也
将增加。所有这些都依赖于丰富的、经济可行的空间电力。

　　由于发达国家对于电力需求的增加、发展中国家新兴市场对于
电力需求的增加以及全球人口的增长，全球能源需求正在增长。由
于预测电力需求将持续增长多年，电力成为增长最快的能源形式。
值得注意的是，在电力工业增长已经稳定发展的 100 多年后，仍有
20 亿人口（占地球人口的 1/3）尚未接入电网。

　　世界人口每年增长约 8 000 万，工业化和全球中产阶级仍在快速
增长，导致许多国家的人均能源消耗大幅增加。即使对美国这个多
年来电力需求相对稳定的国家，因为电子经济对电力需求的增长，
电力需求也出现增长。美国能源部能源信息局最近预测，在未来 20
年，全世界的电能使用将翻一番，并将在之后的 20 年再翻一番。
1990 年，经济合作与开发组织（OECD）各成员国使用了世界上 2/3
以上的电能。但能源部预测从 2015 年开始，非经合组织国家使用的
电力产能将超过世界总发电量的 50%，在可预见的未来，非经合组
织国家使用的电量将继续增长。见图 C-1。

　　从使用的观点看，电力是最清洁的能源利用形式之一。但问题
不在于使用电，而在于只有有限的清洁和安全的发电方式，见
图 C-2。

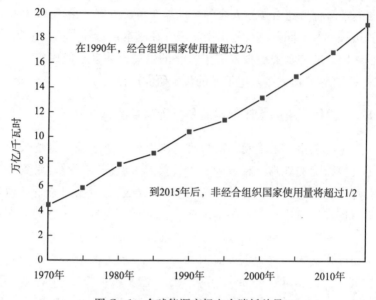

图 C—1　全球能源市场电力消耗总量

注：(1) 每 0.01 万亿 kWh 相当于每年 300 万吨煤。

　　　(2) 经合组织代表当今最发达的国家。

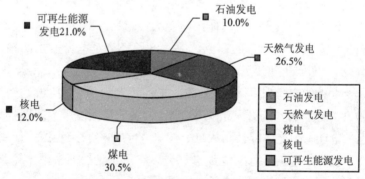

图 C—2　2020 年各种发电方式的比例预测

C.1.3　最新 SSP 研究工作的主要结论

　　经过几年的结构研究、新概念、技术开发以及空间太阳能电站所需空间基础设施的发展，需要着重提到下面一些主要研究结论。

• 空间太阳能电站在技术上是可行的。从空间将数兆瓦能量传输到地球的 SSP 系统似乎是可行的，为了解决随着地球上人口和经济增长而产生的长期能源需求问题的 SSP 的经济可行性仍然是要重点关注的问题。

• 仍然需要技术发展。为实现 SSP 的商业开发，一个稳定的结构研究、技术开发和技术验证的计划将需要持续 15～25 年。

• 需要发展空间基础设施。任何空间大规模建造活动均需要支持性的空间基础设施，特别是需要新的低成本、高度可重复使用的空间运输系统。没有这样的运输系统，空间太阳能发电在经济上将是不可行的。

• 能量传输问题存在法规和技术上的解决方案。采用无线方式将能量传输到地球的环境和安全性问题已有了解决方案，但需要得到国际上的一致认可，这对于微波和激光两种传输方式都是必须的。

• SSP 可以促进对于空间的开发：目前已提出许多空间大型电力系统的科学、探索和商业开发的应用。此外，大规模商用 SSP 系统的开发可以降低运输系统的成本、并可以大规模发展新的航天产业，包括空间殖民。

• 开展国际合作。空间太阳能发电具有解决全球能源问题的潜力，在其发展过程中应进行政府和工业界之间的国际合作。

总之，提出的主要建议之一是继续开展进一步的研究、技术开发、以及在地面和空间开展相应的试验验证，以验证过去几年在空间太阳能发电活动中提出的各种概念。

C. 2　美国 SPS 和 SSP 活动简史 (1960～1970 年)

太阳是地球主要的天然能源之一。找到更有效的途径以安全地收集并利用这种能源、供世界上工业发达国家和发展中国家使用是一个挑战。由于没有大气吸收，空间的太阳光比地球上最强的太阳光高 30%。此外，天基系统可以大幅降低在地基系统中因受到昼夜循环、气候效应和太阳光入射角改变而导致的电力损失影响。总之，这些因素使天基太阳能发电的效率比地基太阳能发电的效率提高了 6 倍到 30 多倍。这些优势在该空间计划的早期就得到大家的认可，这也是几乎所有地球轨道卫星都使用太阳能作为其主要电能产生方法的原因。在地球上，由于黑夜、云层和季节变化引起的高成本和低效率，使得地面太阳能发电受到了限制。

1968 年，Arthur D. Little 公司的 Peter Glaser 博士提出了一个大型 SPS 的概念，作为可以以环保方式满足地球能源需求的方法。这一概念提出在几乎可以不间断地接受太阳光的地球同步轨道收集太阳能，并转化为无线电波发送给地球上的接收器。1970～1990 年代进行了下述几项主要研究工作。

C. 2. 1　20 世纪 70 年代进行的太阳能发电卫星的研究

在 1970 年代，针对 Glaser 博士关于太阳能发电卫星的概念进行了各种研究，1976～1980 年间由美国能源部牵头并获 NASA 支持的一项主要研究使这一活动达到高峰。该项研究提出了"1979 SPS 参考系统"。该体系构架是在 GEO 上部署 60 个太阳能发电卫星。每颗卫星计划为一个大城市（典型的美国城市）提供约 500 万 kW（GW）的专用基础负载电力。一颗面积 5 km×10 km、高 0.5 km、向地面传送 5 GW 功率的大型 SPS，需要在空间进行大型稳定桁架和连接件组装。这个平台是该概念的基础构建模块。许多大型的独立的系统部件要在这个大型平台上组装，以提供 3 个主要的功能：能量收集与管理（包括光伏阵列、热管理等）、平台支持（如提供三轴稳定的控制系统等）以及射频产生和传输。图 C-3 为 1979 SPS 参考系统概念图。

这些大型平台需要通过使用一个巨大、独特的基础设施来构建和部署。这一基础设施包括了一个大型（250 000 kg 有效载荷级）、完全可重复使用的两级 ETO 运输系统以及在近地轨道和地球同步轨

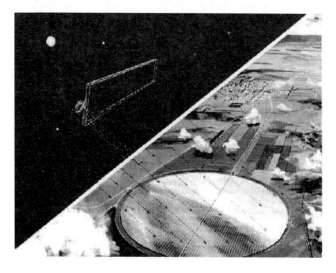

图 C－3 1979SPS 参考系统概念图

道上的巨大的建造设施，并需要几百个航天员在空间连续工作几十年。该部署方案对财政的影响非常大，估计在得到第一度商业发电之前需要 2 800 多亿美元（2 000 年币值）的花费。近期研究表明，该系统初期成本的最新估计值要远远高于原来的估计。

最后，美国国家研究委员会（美国科学院的机构）和前国会技术评估办公室在 1980～1981 年对该计划评审之后得出结论：尽管 SPS 技术上可行，但当时在计划上和经济上不可行。因此，由于下述原因，美国 SPS 活动于 1980 年代初停止。

（1）1979 SPS 参考系统首个电站发电前的成本超过 2 800 亿美元（2000 年币值），成本过高。

（2）需要政府对基础设施初期的巨额投资。

（3）需要太多的技术进步。

（4）SPS 被看作是主要只有美国参加的项目，国际参与度小。

（5）国会技术评估办公室和国家研究委员会批评了在早期部署（1990 年代）SPS 的提议。

（6）由于 1980 年代初石油价格的下降，关于替代能源的公众应急意识减弱。

尽管国家研究委员会建议应继续开展相关研究，并建议在约 10 年之后再考虑 SSP 的可行性问题，但实际上美国政府关于空间太阳能发电的所有重要工作均停止了。

C. 2. 2　中断期（20 世纪 80 年代～20 世纪 90 年代初）

在 1980 年代和 1990 年代初，美国的民间对 SSP 的兴趣不减，国际上也开始出现相关的关注和活动。例如，出现了月面 SPS 相关概念的研究。国际上，日本和加拿大进行了几项主要的 WPT 实验，其中之一是 METS 实验。该实验在 1992 年使用一个探空火箭，研究了在空间等离子环境下无线能量传输波束的非线性效应。另一项实验是 1987 年加拿大的 SHARP 微波传输演示验证实验，在这次实验中，电力被传送到一个小型的无人驾驶飞机上。

到 1990 年代初，这些研究成果引起了国际上的关注。一是在 1992 年，在日本北九州市举办的国际空间大学夏季班上，SPS 被选为主要研究主题；二是日本提出了 SPS2000 概念，即 10 MW 近地轨道概念性验证计划；三是在年度 IAC（由国际宇航联合会（IAF）与国际宇航科学院（IAA）组织）空间发电专题讨论会上，人们对 SSP/SPS 的重视程度增加。此外，还召开了几次以 SPS 和 WPT 为主题的国际专题会议。

C. 3　NASA "Fresh Look" 研究（1995～1997 年）

在 1995～1997 年间，NASA 对 SSP 进行了新一轮研究，目的是确定最新的技术进步是否可以实现能以具有竞争性的价格为地面市场提供能源的 SPS 方案。"Fresh Look" 研究的概念所面临的挑战是能够以少部分 1979 SPS 参考系统预计初期投资且不存在大的环境问题下实现市场目标。该项研究的主要结果表明，重新审议 SSP 可行性问题是恰当的。这些研究结果如下。

（1）全球新能源的巨大市场已经得到发展。

（2）对于温室气体排放和全球气候变暖问题的关注日趋增加。

（3）美国国家空间政策要求 NASA 大幅降低 ETO 成本，并独立于 SPS/SSP 的需求。

（4）已经取得重要的技术进步、并确定新的研究和技术方法。

（5）对 NASA 任务和商业航天市场潜在空间应用的关键技术和系统已经明确。

（6）出现了国际关注和参与的重要机会。

NASA 对于超过 30 个系统方案和体系方法进行了评估，确定了一批关键设计战略以及两种有前途的特殊方案。从新一轮研究中优选出来的两个方案之一就是太阳塔 SPS。该方案采用多种创新技术和设计方法，以求在初期商业 SSP 运行技术和计划上的可行性方面实现突破。能够部署到包括地球同步轨道的各轨道高度和轨道倾角的太阳塔方案，基本不需要在轨空间基础设施，也不需要专门的重型运载火箭。

C. 3. 1　太阳塔方案

太阳塔 SPS 系统方案是从 NASA 1995～1997 年新一轮研究中显现出来的，并在 SERT 计划中进行了进一步研究。该方案的设想和细节如下。

每一对圆盘形单元都是净输出功率为 2～3 MW 的充气可展开模块的一部分。每个模块被运送到轨道上并连接在塔的顶部，形成太阳塔长长的垂直结构。大型盘形翼把太阳光聚集在一个光伏电池阵上。当太阳塔运行在地球同步轨道高度时，与地球自转同步，盘形反射器转动以跟踪太阳。这一构型的一个明显问题是当太阳塔运行到近中午和午夜 12 点时盘形反射器会开始相互遮挡。这时候避免功率损失的方案包括使用多个太阳塔将能量传输到共用地面接收站、采用能源储存系统或替代地球发电系统。

目前，多能带隙聚光太阳电池阵的技术发展水平已接近 30％～

图 C—4　太阳塔太阳发电卫星系统概念

37%的转换效率,未来几年更高性能的发电系统有望出现。此外,由 NASA 喷气推进实验室和 L'Grade 公司联合进行的 10 m 直径大型充气结构系统的空间演示验证,表明了超大型的轻型结构系统的可能性。

无线能量传输技术用于把能量从空间传送到地球表面。在 SPS 上,电力通过电缆从发电阵单元被传送到位于太阳塔对地端或末端的无线能量发射系统。在 SERT 研究中,太阳塔 SPS 被设想为从约 36 000 km 的地球同步轨道以 5.8 GHz 的频率发射,地面则可以接收到约 1 200 MW 的电力(图 C—4 描述了"Fresh Look"研究中的一个近地轨道的小型系统)。随着技术的进步,发射机的电力—射频能量的转换效率预计将会高于 80%~85%,需要约 6°的波束调向能力,指向从约北纬 50°到南纬 50°范围的地面地区。这一潜在地面站的范围包括全球许多主要的发达国家和大部分发展中国家——美国、南美、南欧、非洲、中东、澳大利亚、中国和日本。发射天线阵是一个直径约 500 m 的由单元平铺成的圆形平面。每个发射单元是一个直径约 5 cm 的六角平面,在轨道最终组装之前,发射单元将预先被集成为子组件。

发射的波束穿过地球大气层时的衰减仅为 2%~3%或更低,并由一个名为"整流天线"的大型地面接收天线接收，然后转换成供当地电网调配使用的电力。随着技术的进一步发展，整流天线在这些频率上的转换效率应能达到 80％～85％。同样，过去的研究表明，目前讨论的每平方米 100～200 W 的 SPS 这一量级的微波对生物体没有明显的影响，仅相当于夏季晴朗天空太阳光强度的 10％～20％。

C. 3. 2　太阳盘方案

太阳盘 SPS 方案采用一个跟踪太阳的大型地球同步轨道自旋稳定太阳电池阵，以及一个跟踪地球的消旋相控阵天线，见图 C－5。盘结构被设计为可利用在轨机器人部署系统，并可以随时间逐渐增加盘的直径。

图 C－5　地球同步轨道太阳发电卫星的太阳盘方案和太阳塔驱动的转移飞行器

在地球同步轨道上，发射机对地球有 ±60°的覆盖范围，每个 SPS 输出电功率约为 5 GW。由于整个天线跟踪太阳，因此不存在太阳塔构型中提及的阴影影响问题。在地球同步轨道上，地球阴影时间是间断的，并主要发生在午夜 12 时，而通常这一时段电力需求很低。通过增加一个向地面发送能量的 SPS 或地面电源储存系统，这个问题很容易解决。图 C－5 表示的是源自太阳塔方案的转移飞行器。该飞行器使用太阳能来驱动电推进系统，从而把太阳盘部件从近地轨道提升到地球同步轨道。

与太阳盘方案相关的明显技术挑战包括：保持将自旋稳定的盘指向太阳的控制系统、机器人组装和可以从太阳电池阵将电能传输到发射机的高功率旋转导电环、发射天线必须固定在指向地球的方向。太阳塔方案还需要导电环，但由于每个蝶形反射器/阵单元上都包括一个导电环，电压较低，所面临的技术挑战也较低。

C. 3. 3　结论

在新一轮研究期间，一些利用太阳塔方案和相关技术、潜在的非 SPS 空间应用计划开始显现出来，包括人类探索、空间科学和空间商业应用。这些初步研究结果使美国国会以及美国管理和预算办公室对 SSP 和 SPS 重新产生了兴趣。

C. 4　SSP 概念定义研究（1998 年）

1998 年，根据美国国会提议，NASA 对于 SSP 进行了后续研究工作，开展了 SSP 概念定义研究（CDS）。SSP CDS 的主要目的是评估前期研究结果是否可行。其主要目标包括：

（1）确定、定义和分析创新系统概念、技术以及包括空间运输系统的基础设施。采用新概念和技术，可以实现空间太阳能发电、传输并用于地面商业市场。

（2）确定这些空间太阳能发电系统方案的技术和经济可行性。

（3）制定利用 SSP 概念用于空间科学和探索的战略，突出利用 SSP 技术实现人与机器人任务空间运输的创新应用。

（4）确定任何潜在合作的可能范围和性质，通过这种合作的建立，寻求后续 SSP 的技术开发和验证。

（5）制订美国的初步行动计划，与国际合作伙伴共同实施进行一项具有挑战性的技术倡议，使未来的私营企业能够发展商业上可行的空间太阳能发电工业，NASA 在这一倡议中将起主要作用。初步计划包括定义关键 SSP 部件的技术开发和验证线路图，考虑性能目标、资源和进度以及可能的多用途应用（例如，商业开发、科学、探索和政府关心的其他方面）。

1998 年，SSP CDS 工作的结果是新一轮研究的主要成果得到确认，但也对个别结果进行了重新评估并对一些详细情景进行了修改。例如，确定了"Fresh Look"研究中提出的早期的中低轨道方案不可行。此外，明确了一系列雄心勃勃的研究和技术线路图，意向性的技术投资项目也得到确认。从 1999 年起，一项新的为期两年的活动在 CDS 线路图范围内进行，目的是进一步检验 SSP 的可行性，包括关键领域的初步研究和技术开发。

C.5　SERT 计划（1999～2000 年）

在 1999～2000 年间，NASA 开展了 SERT 计划研究。SERT 计划的目标是进行广泛领域的初步研究和战略技术研发，使得未来能够开发出可用于政府任务和商业市场、可在空间和地面进行太阳能发电中应用的大型的、潜在的 MW 量级的 SSP 系统和无线能量传输系统。SERT 计划的主要目标如下。

（1）对于近期（如空间科学、探索和空间商业应用）和远期（如地面市场的 SSP）的 SSP 概念和技术应用进行系统建模，包括系统概念、结构、技术、设施（含空间运输）和经济性。

（2）进行技术研究、开发和验证活动，对于近期和远期应用的关键 SSP 部件进行概念验证。

（3）适时启动并扩展国内和国际合作，继续开展后续 SSP 技术和应用研究工作（如空间科学、用于地面电力的 SPS、空间殖民化等）。

通过实现这些目标，SERT 计划希望使 NASA 管理层和预期的外部合作伙伴能够对于未来 SSP 相关研发投资进行决策。另外，

SERT 计划意在指导 SSP 的深入研究和相关的技术线路图研究工作，包括性能目标、资源和进度、多用途应用，如商业市场、地球和空间科学、探索或其他政府任务。

SERT 计划包括内部研究和对外竞标两种研发方式，由系统研究引导，采用重点研发，并最大限度地利用 NASA 内外部现有资源，主要由 3 个部分组成：

（1）系统研究与分析。分析 SSP 系统和结构概念，包括空间应用。工作的重点是开展市场和经济分析，以确定 SSP 概念的潜在经济可行性，并对地面和空间各种潜在市场的环境问题进行评估。

（2）SSP 研究和技术。重点是进行快速分析，开展面向主要挑战的探索研究，以确定有前景的系统方案，并确定技术可行性。

（3）SSP 技术验证。对于采用近期技术的关键 SSP 方案和组件进行初步的小规模验证，重点是验证 SSP 的多种空间或地面应用、以及相关系统和技术。

图 C-6 给出了两个在 SERT 计划中研发的 SSP 系统方案——ISC 和太阳快船（Solar Clipper）系统。ISC 方案是一个 1.2 GW

图 C-6　地球同步轨道上的 ISC 和太阳快船货运船

（或更大）的 SPS 系统，为地面市场和多种空间设施提供电力。太阳快船概念是一个基于空间转移飞行器（STV）的电推进系统，源自前面提到的太阳塔方案。

尽管太阳快船在图中被描述成为地球同步轨道上的 ISC SPS 系统运载部件的一艘货运飞船，它还可用于未来的月球或火星货物运输（如果在月球或火星能提供足够的功率）。

已通过详细审查的两个方案分别为 ISC 和"算盘反射器"（Abacus Reflector）。

C. 5. 1　Abacus 方案

Abacus SPS 方案使用一个跟踪太阳的太阳电池阵和发射机，所发出的微波波束经一个旋转反射器，使波束转向并聚焦在地面接收器上。因此，旋转结构位于收集太阳能以及微波波束产生的主要分系统之后，避免了由于高压电流通过大型导电滑环引发的技术难题。见图 C—7。

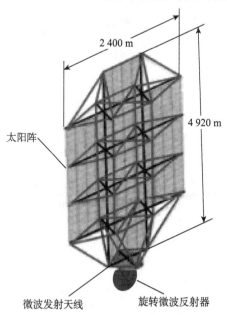

图 C—7　Abacus 方案

C.5.2　ISC 方案

　　除 Abacus 方案外，另一个避免导电滑环问题的方案是 ISC 方案。见图 C—8。ISC 采用反射镜将太阳光以所需的角度反射到一个基本固定的跟踪地球的太阳光收集器和微波发射机上。ISC 上的反射镜可以通过调整来聚集太阳光，从而可降低太阳电池阵的尺寸、质量和成本，还可以跟踪太阳相对于地球同步轨道上 SPS 位置的 23.5°的季节性运动。另外一个优点是太阳电池阵和发射机之间的电力传输距离缩短了很多。

图 C—8　ISC 方案聚集太阳光并转换成微波或激光向地面发射

　　在 SERT 计划期间，还审查了许多其他基于收集并向地面传输能量基本概念的变化方案，产生了多种潜在的未来 SSP 系统所需要进行开发和明确的技术。

C.5.3　SERT 计划的结束

　　2000 年冬，SERT 计划以 NRC 对 NASA 空间太阳能发电研究成果进行评审而宣告结束，主要成果是为实现未来大型、经济上可行的 SSP 系统提出了概念性的战略研究和技术线路图。

C.6　NRC 评审（2000～2001 年）

2001 年年初，NRC 的一个分委员会审查了 SERT 计划的技术投资战略，结论是为了与地面电站进行商业竞争，空间太阳能发电需要很多的技术突破，SERT 计划提出了一个朝向这一目标进步的可信的规划。委员会就改进该规划提出了一些建议，重点集中在 3 个方面：改进技术管理流程；加强重点技术开发；利用其他工作的成果。另外，委员会还表示，即使不能达到为地面提供具有成本竞争优势电力的最终目标，建议的技术投资也将使近期的低成本空间应用以及技术进步的非空间应用获得诸多的间接利益。

尽管 NRC 既没有提倡也没有反对 SSP，但委员会确实认识到自 1979 年以来发生的重大变化，使美国投资 SSP 或其部件技术是值得的。委员会特别提到：晶体及薄膜太阳能电池的效率提高、开发并试飞了的轻质基片和衬底、在国际空间站上成功安装的一个 65 kW 的太阳电池阵、无线能量传输成为一些地面试验的对象、机器人技术在机械臂、机器视觉系统、手眼协调、任务规划和思考方面取得实质性进展、先进的复合材料的广泛应用、数字控制目前已达到的较高技术发展水平等。除了这些令人鼓舞的进步外，值得注意的是目前人们利用的能源所带来的环境恶化等公共问题日益突出。

C.7　NASA—国际科学基金会（NSF）—电力研究协会（EPRI）联合研究（2001～2003 年）

NRC 评审结束后，为了扩大并加强美国政府对 SSP 研究和技术的投资，NASA 与 NSF 共同努力在 NASA、NSF 和 EPRI 之间建立了机构间合作关系。这 3 个组织为广泛机构公告（BAA）投入了资金和人员，目的是支持关键使能技术的研究，这些技术研究将决定空间太阳能发电能否在某一天成为提供世界范围大规模基础负载电力的、可行的，并具有成本竞争的技术。征求到的建议集中在（但不只限于）4个优先领域：

（1）无线能量传输；

（2）用于遥控自主机器人组装的智能计算；

（3）环境影响；

（4）电力管理和分配。

这一名为 SSP 使能技术联合研究（JIETSSP）的成功合作投资研究计划，产生了约 12 项新的研究和技术项目，范围从智能协作机器人到通过自重构机器人进行系统组装、微波能量传输和先进的太阳能电池以及使用微通道致冷解决 SPS 热管理问题的新方法等。

在完成了这项合作工作的同时，NASA 开始更大胆地规划了一项人与机器人探索空间的计划。这些工作产生了一项主要的新计划，即探索系统研究和技术（ESR&T）计划，该计划包括了对太阳能发电卫星相关技术的重要投资。

C.8　NASA 近期的 SSP 及相关技术研发（2004～2005 年）

2004 年 1 月 14 日，布什总统公布了美国民用航天计划的新政策和战略方向——将人和机器人探索空间作为其主要目标，并提出了明确的具有挑战性的目标。为了响应这一计划，NASA 在总部新建了一个新的探索系统办公室（OExS），后改名为探索系统任务委员会，并建立或重新安排了几个主要的计划预算项目，认识到了探索必须是"一次旅行而不是竞赛"。NASA 的计划和总统 2005 财年预算都包括了对确定、开发和演示验证新航天技术——探索系统研究和技术计划（ESR&T）的基本投资。这项工作面临长期的、技术成熟度低的挑战不多，多数的挑战是中期的、中至高技术成熟度的，特别重要的是那些使未来探索任务在经济上可行，并能安全有效地完成任务目标和科学目标的新方案和新技术。

重点在地球附近开展空间活动的 ESR&T 任务，很自然地包括许多未来空间太阳能发电系统（包括太阳能发电卫星）所需的关键技术。该计划分为先进空间技术计划（ASTP）、技术成熟计划（TMP）和创新伙伴计划（IPP）3 个主要部分。在这些计划中，与下述 SSP 相关的项目获得了资金投入：

（1）先进材料和结构概念，包括智能材料与结构，以及结构、动力学与控制；

（2）极端环境电子学；

（3）商业货架器件（COTS）的空间应用；

（4）星上自动和智能操作；

（5）智能飞行器（系统）健康管理（IVHM）；

（6）先进空间运输，包括化学和电推进以及经济可行的气动减速（包括大型、可展开气动减速概念）；

（7）高效/高功率太阳能发电；

（8）模块化电力管理和分配；

（9）热管理；

（10）智能模块系统；

（11）空间组装、维护和服务（长期）；

（12）原位资源利用（重点是月球表面材料）。

通过这些投资，在 2000 年 NRC 评审 NASA 空间太阳能发电计划时所确定的关键技术主题领域正逐渐取得重要的进展。

C.9　总结和结论

在过去 10 年间开展的系统集成活动中，有许多发现，也出现了一些问题。这些发现和问题不仅与正在研究的具体方案相关，也与空间太阳能发电的整体方案相关，其中一些关键的发现归纳如下。

C. 9. 1　一般性的发现

系统需求。对系统需求和多 SSP 卫星的接口重视不够，如多波束的安全控制、百万千瓦级波束的地球输电线路接口以及快速能量储存和交换等。为解决这些问题，首先应当明确问题，并提出解决问题的途径。

运行结构。SPS 是与寿命 50 年以上的地面发电系统开展竞争。为了具有成本优势，SPS 必须运行可靠，在较长时间内能够以最低的成本运行。SSP 概念研究在这一方面至今尚未得到足够的重视。

系统分析。对各种 SSP 概念进行统一的系统分析、模型系统分类，以及验证任务设计等，对于帮助指导和规范 SSP 研究过程极为有效。对于 SSP 系统的下列概念开展验证任务设计尤其有意义：由太阳塔构型衍生而来的重力梯度算盘、Abacus、ISC 以及晕轨道概念。对这些概念的系统分析包括效率链分析、电力管理与分配设计概念、太阳电池阵、反射器、发射机、机器人组装程序、质量和成本的完整分解以及诸多敏感性研究。

早期验证计划的各种设计工作包括利用 Spartan 有效载荷进行空间站自由飞行验证、货物运输和能量聚束飞行器、近地轨道推进剂转化和低温存储设备、火星转移飞行器、月球坑探冰任务、大功率商业通信卫星、火星货运任务、火星载人任务以及大小规模的各种激光能量传输应用。因此，通过对上述各种系统概念开展详细的集成和分析，就会得到众多的发现和问题。这些发现包括如下内容。

（1）太阳能电池和 WPT 效率是系统质量、体积和成本的主要决定因素。

（2）利用布雷顿（气动涡轮）循环的太阳热发电可提供最高的系统整体效率，其次是量子点（Q-dot）光伏发电系统。

（3）通过伸展透镜阵列（SLA）聚光器可以提高功率密度，并对降低基于 PV 的发电系统方案的质量和体积有重要影响。

（4）小型组装机器人技术，尤其是多个协同工作机器人的控制问题还很不成熟，会产生较大的技术风险。

（5）微波系统 PMAD 所要求的高电压具有较大的技术风险。考虑到大型 PMAD 巨大的质量因素，实现 PMAD 结构的最小化成为共识。

（6）自 1998 年概念定义研究以来，由太阳塔衍生而来的诸多概念在结构和 PMAD 质量方面增加了许多。但是，新的集成对称聚光器概念大大降低了结构和 PMAD 系统的质量（在未来几年还会出现更先进的概念）。

（7）截至目前，最具发展前景的 RF 微波系统构型包括：

1）ISC。质量最轻且最经济，但需要先进的光伏发电和热管理技术；

2）算盘反射器。模块化组装与维护，适中的发电成本，但存在反射器问题；

3）太阳塔。组装和控制最简单，但由于有阴影，发电成本最高。

（8）为了消除与通信卫星的干扰而进行的滤波，会使系统整体效率付出很高的代价，而且会影响质量和成本。

（9）三种微波器件（速调管、磁控管和相控阵固态器件）的成本敏感度很低。

（10）反射器平面度是 ISC 和发射机—反射器构型概念的一个关键因素。

（11）采用 AC 的 PMAD 系统比采用 DC 的 PMAD 系统质量更轻，效率更高。

（12）不采用导电滑环的新构型已得到认可。

（13）可替代的其他方案包括采用 RF 和激光 WPT 的晕轨道（Halo）星座、太阳动力结构，以及太阳塔的衍生概念及其他。

（14）基于激光 WPT 的分布式构型具有很好的前景。

（15）轨道转移推进、太阳能发电、PMAD 和地面系统是 SSP 发电成本的主要构成因素。

（16）输出为 1.2 GW 的 SPS 概念的发电成本范围为 $17\sim32$ ¢/kW 时，可以通过提高每颗卫星的功率密度使这一成本降低到约 $1\sim2$ ¢/kW。

（17）在目前的成本假设条件下，SSP 有效载荷从 LEO 自行变轨到 GEO，比采用一个空间运输装置更节省成本。

（18）采用先进技术的太阳能电推进（SEP）系统为到达月球及火星的载人空间探索与开发任务（HEDS）提供了一个极好的非核能运输方案。

（19）SSP 技术可以有助于实现空间探索和在近期的发展。

（20）与 SSP 有关的技术进步为商业、科学和探索类的空间应用提供了广泛的手段，并在成本上获益。

（21）微波 SSP 系统效率较高，在传输中可以穿过云层和小雨。

（22）ITU 规定的 RF 频谱对 SSP 旁瓣和栅瓣的约束条件对于设计和滤波提出了一定的要求，从而导致效率降低、系统更庞大且成本更高。

（23）激光 SSP 系统允许从 SSP 平稳过渡到常规电源，从而提供了更有用的空间应用，并且展示了在 SERT 计划中没有得到充分研究的新的结构方案。

（24）激光和微波 SSP 系统在设计驱动因素上有所不同，而且鉴于各自的发展潜力，激光 SSP 系统在未来研究中值得予以更多的考虑。

（25）对于 ETO 和空间运输来说，在降低成本和提高发射率上取得重大进展对于实现 SSP 非常必要。

（26）为了从空间输送经济合理的电力，要求空间系统的制造和测试过程必须高效，而且能够管理巨大的产量，还要进一步提高产出成本比。

在 SERT 计划中，对激光技术应用于无线能量传输的关注较晚，原因在于早期的观点认为激光是一种武器技术。通过进一步的分析表明，激光传输能量的设计概念和功率水平可以被设计的更加安全，而且激光系统开启了其他许多方案方式，对于整个 SSP 体系结构具有积极的意义。

本文总结了三个极为重要的主题：环境因素、SSP 技术领域的预期综合应用，以及技术开发和验证工作的未来方向。

C.9.2　环境问题

技术的每一项进步，不可能不关注其对环境和相关安全问题的影响。上几代人很少关注此类问题，以至于长期过度开采自然资源用于生产对环境造成了破坏，尤其对人类的生活形成了危害。SERT 活动包括对 SSP 开发的潜在环境及安全因素的考虑，以及如果人类继续利用现有的常规资源发电方案可能带来的影响等。

C.9.2.1　环境和安全因素

包括空间和地面在内的环境和安全因素（ESF）对于计划实现大规模的 SSP 系统极为重要。诸多 SERT 技术活动都考虑了与 ESF 相关的研究。此外，SERT ESF 工作还涉及到空间环境数据和问题的进一步细化，以及在涉及到 SSP 在地面市场长期应用时考虑的环境和安全因素及相关问题，其中包括 SSP 系统发射的可能影响、空间环境对 SSP 系统的影响、以及从空间到地面的无线能量传输对地球环境可能造成的影响等。

1979 年 SPS 研究采用的是 RF 传输方式，将能量从太阳发电卫星发送到地球。早期的技术需要较大的地面整流天线，包括缓冲区在内约为 35 000 英亩（约 55 平方英里）的椭圆形地区。设计需要 60 个这样的天线构成一个网络。最近的技术建议只采用人约直径 2 英里的天线（约 3～4 平方英里）。地面使用中需要关注的问题包括生态环境的破坏、生物栖息地的丧失、人口搬迁，以及基础支持设施等。

从 SPS 向地球上传输能量可以通过激光或微波来实现。用于接收激光的类似太阳电池阵的收集设施和接收微波所用的整流二极管转化器件将电流输送到电网。接收波束中心的功率强度为 100～200

W/m^2，每颗发电卫星可提供 1～3 GW 的电力。主要问题是在接收端直径为 1 km 或更大的范围内，其能量水平要比太阳辐射高10%～20%，暴露在这样的能量场中对人类健康有潜在的风险。

对于微波系统来说，整流二极管接收天线的能量密度是变化的，但一般来说其中心能量强度约为 23 mW/cm^2，边缘强度降到约为 0.1 mW/cm^2，平均波束能量强度大约是地面太阳光强度的 1/10。在 GEO 的发射天线端，波束强度约为 2 200 mW/cm^2。为了进行比较，需要指出的是地球上来自太阳的平均太阳功率强度约为 100 mW/cm^2。

美国和西欧都采用 10 mW/cm^2 作为人在微波辐射环境下的公众和职业性长期辐射标准。加拿大将公众微波辐射极限定为 1 mW/cm^2。原苏联和东欧国家对职业微波辐射的极限设定为 0.001 mW/cm^2。而且，东欧国家还根据微波辐射的非热效应建立了辐射标准。

美国和西欧制定辐射标准的主要指导原则是避免生物热效应的风险。辐射标准通常基于整个人体在 4 000 mW/kg 的 SAR 条件下受到生物伤害设定。受控或职业性辐射的人体平均极限值设定为 400 mW/kg，而非受控或一般人群辐射以及人体局部（局部 SAR）极限值设定为 80 mW/kg，例如用户使用手机时头部的辐射极限值。

尽管在最近的对于 SSP 所考虑的功率强度的研究中，尚无微波或激光进行无线能量输送对环境产生负面影响的证据，但对环境和安全因素应当给予认真的考虑和进一步研究。利用空间发电可能带来的环境优势，应当通过与利用矿物燃料发电对环境造成的日益严重的长期影响进行比较，予以评价。

C. 9. 3　广泛应用

除了地球上需要的经济而大量的电力外，在空间也有类似的需求。最近的研究表明，空间任务对于 SSP 技术和系统概念具有广泛而重要的潜在应用需求，主要体现在空间科学、空间探索和空间商业开发三个领域。

C.9.3.1 空间科学

在空间科学领域，对于大功率、低成本和长寿命的太阳能发电和推进系统有紧迫的需求。许多雄心勃勃的潜在空间科学任务目标的实现离不开高性能的推进系统，如 50 kW 或更高功率级别的太阳能发电和推进系统。对 SSP 研究可能有共同研究兴趣的科学和机器人空间探索任务包括如下方面。

（1）多颗小行星采样返回。如果 SSP 或激光—太阳推进技术的开发能够实现一次飞行任务在 2～5 年内到达小行星带内的多颗小行星，并将采集的样品返回地球，科学界将对其产生兴趣。目前的技术仅能进行小行星交会飞行任务，但能够对众多的小行星进行采样才是最终的目标。

（2）小行星/彗星分析。利用太阳电推进、使用深度穿透成像雷达，将激光或微波功率聚束到小行星或彗星表面获得蒸发物质进行光谱分析，无人航天器能够在交会任务中确定彗星及小行星的化学成分。

（3）空间运输。SEP 很明显适用于广泛的科学任务和载人探索任务，有关内容将在后面论述。WPT 也通过激光帆、激光热推进和激光电推进为传感器的应用提供机遇。

（4）国际空间站。为了改善国际空间站（ISS）太阳电池阵的性能，可以采用为 SSP 而开发的先进技术实现太阳电池阵的更新换代。而 WPT 可以用于空间站自身无法达到的、要求极高真空和微重力水平的共轨试验平台。由于整流天线需要的面积比等功率的太阳电池阵小得多，这种平台受到的拖曳力因此要比自身供电的平台低得多。

（5）雷达和辐射测绘仪。安装 100～200 kW SEP 系统的大功率行星探测器，可以利用其电源对行星表面开展雷达绘图任务，实现对浅表层的探测和资源勘探。这一功能对于支持小行星任务和未来对月球、火星、木卫和土卫开展探测极具价值。大功率辐射计还能够对行星环境开展更为复杂的科学研究。

（6）漫游车。在月球及行星表面布置大量的小型漫游车，可以利用 WPT 从行星表面的中心电源系统或从某一轨道位置上的中心电源系统实现供电。这种漫游车可以用来进行探测、采集科学数据、探矿以及最终进行原位资源利用。

(7) 月球天文台。与地球环境或地球轨道系统环境相比，月球电磁辐射影响要小得多。因此，40 年来，月球一直被认为是搭建光学和射电望远镜的理想场所。通过从月球中心站或轨道位置上利用 WPT 供电的移动漫游车，可以为天文台提供支持。大型模块化固定或移动望远镜通常在月球表面扩展至数英亩（如干涉仪），也可以利用 WPT 满足其电源需求。

(8) 空间望远镜。运行在距太阳数个天文单位远日心轨道上的大型模块化望远镜，可以为天文学家提供在太阳系内部无法获得的优势（如没有黄道尘埃，不会对红外观测造成干扰）。这种望远镜可以利用多项 SSP 关键技术，包括大功率 SEP、用于模块化望远镜各单元的星上供电和位置保持的 WPT 技术、大型薄膜结构以及充气结构等。

(9) 网络化传感系统。由半波偶极子供电，并从一颗拥有 WPT 输电能力的母卫星接收能量的数百个微型传感器，可以对行星际及其他空间区域开展详细的四维勘查，并可能对恒星和其他现象进行全息观测研究。

(10) 星际探测器。SSP 所使用的超低质量、轻薄材料结构概念，与行星际和星际探测器所用的太阳帆材料有很大的潜在通用性。不仅如此，这类探测器所需的巨大功率可以通过由大型在轨 SSP 系统供电的 WPT（激光）得到。此外，已经历了 1～10 g 帆加速试验验证，并均获成功的碳纤维帆材料具有特殊的意义。

在遥远的将来，把机器人探测器送到太阳系以外的宏伟目标，先是柯伊伯带（Kuiper belt）、再到奥尔特云（Oort Cloud）及更远地区，只有通过研制极低成本和极高性能的推进系统才可能实现。SSP 技术和相关系统概念，特别是无线能量传输技术，为未来开展上述任务提供了一条重要的途径。

C.9.3.2　空间探索

SSP 技术也可以广泛应用于未来载人和无人空间探索所需的诸多系统和体系结构方案。例如，2000 年 12 月，迄今在空间展开的最大太阳电池阵被固定在近地轨道的国际空间站上。先进的太阳电池阵技术可以用来进行 ISS 太阳电池阵的更新换代，在保持功率水平的同时降低太阳电池阵列的尺寸和提升轨道所需燃料的后勤补给成本。$100\sim300$ kW 级的太阳能电推进系统可以经济地将 $10\sim50$ t 重的探测系统从近地轨道转移到地球附近的其他期望位置，如地—月或日—地平动点。1 MW 级的太阳能电推进系统被看作是将 100 t 或更重的大型有效载荷从近地轨道运输到高地球轨道的一个重要方案，并以此作为人类以非核动力途径开展行星际任务的一个阶段。此外，$1\sim10$ MW 级的太阳能电推进系统可以实现行星际可重复使用货物运输（也可能是人员运输）。一旦进入某一目的地，如火星同步轨道，这种行星际运输器还可作为电站使用，从空间向行星或月球表面前哨操作站提供大量低成本的非核能源。图 C—9 展示了一个由前面所述太阳塔 SPS 概念衍生而来的太阳快船概念。

图 C—9　太阳快船行星际运输系统概念

C.9.3.3　商业空间开发

在未来的航天市场商业开发中，已经明确有几种潜在的应用。例如，在过去 20 年中，GEO 通信卫星体积有了显著增加，最近入轨的系统功率已达 20 kW。根据现有市场预测进行的研究表明，在未来 10～20 年内，功率达 100 kW 的巨型 GEO 通信卫星将在经济上变得可能。SERT 计划中开展的研究表明，这一增长的主要障碍是现有运载火箭对有效载荷尺寸的限制，可通过使用 SSP 技术和概念予以克服。其他几项潜在商业空间应用也得到了明确，范围涉及空间—空间电力传输系统所用的空间电源插座概念、未来商业空间商务公园供电系统概念（见图 C—10），以及利用 SSP 技术进行空间燃料生产加工的燃料补给站等。

图 C—10　空间商务公园多用途空间站概念，其中有人造重力自旋环、零重力高等级客舱以及一个充气式球形舞台

其他空间太阳电站技术开发应用不仅具有商业用途，还包括科学、探索和军事应用。具体内容包括如下方面：

（1）微小卫星。空间太阳电站技术可应用于对微小军用监视卫星的供电。如果这种微小卫星不需要携带大型光伏电池阵，地面或拦截器卫星就很难探测到。小型商业卫星也可以通过远处的电源对电池进行周期性充电。

（2）雷达卫星。利用先进的 SSP 太阳电池阵列技术实现的极高功率，为实现 $100\sim200$ kW 的雷达应用奠定了基础。美国军方数 10 年来一直对此进行研究，但目前为止，由于过高的功率需求，这一设想仍不可行。

（3）机动性。通过 WPT 实现的电推进能大幅度提高航天器机动能力。其中对于长期变轨需求，采用离子或等离子推进；对于更高的推力要求，则采用电弧火箭或激光推进。

（4）卫星服务。机动卫星可以在轨重新加注燃料，星上载荷和信息处理系统可以利用无线供电机器人进行升级或更替。

（5）轨道碎片清除。轨道碎片清除可能是电能传输的一个较好的验证任务。在这类应用中，利用波束供电可以实现一颗较小卫星与空间垃圾的交会并捕获它，从而可能降低其轨道并使卫星返回空间站或航天飞机。还可以利用天基激光将小型碎片蒸发或将较大碎片的轨道引导到大气再入轨道。

（6）行星防御。为防护较大的小行星或彗星撞击而建立的天基行星防御系统体系，可能要求在大型卫星星座中进行大量的功率分配。利用 WPT 的中央 SSP 可以满足这一要求。

（7）通信卫星供电。卫星的功率需求与日俱增，例如，洛克希德马丁公司的 20.20 平台和休斯公司新研制的 HS702＋系列的系统功率估计已达 25 kW。

（8）毫无疑问，未来卫星的功率需求会增加，这样就存在星上供电所固有的散热问题、卫星的机动性限制，以及对更大型运载火箭的需求等多个因素的交叉，与从专用空间电站获得波束供电相比会更加昂贵。在电推进中采用高级的 WPT 技术并用于卫星入轨和南北位置保持，是一个极佳的选择。在阴影期间通过 WPT 进行供电同样会大大降低蓄电池的质量。这种电站可以作为更大型 SSP 系统的一个经济可行的验证。

(9) 国际空间站的大功率需求。通过波束为 ISS 供电会扩展 ISS 商业研究与试验的范围和广度，允许承载更多的乘员、增加空间站的自足能力。

(10) 高效太阳能电池阵。对于商业卫星来说，在向波束电源过渡期间，通过 SSP 技术开发带来的电源及结构技术进步所产生的质量减少，会极大地增加常规通信卫星的供电能力（可能达到35～50 kW）。

(11) 供电/通信卫星。随着通信功率需求的持续增加，既向地面电网输送电力，又提供大功率通信服务（如可达 1～50 MW）的双用途卫星，在中期内有较大的商业前景。对于这种双用途应用，有一个需要注意的问题与高数据率通信所需的载波调制有关的扩频有关，这与 ITU 和美国联邦通信委员会（FCC）所期望的通过对 WPT 微波波束进行滤波以降低载波噪声和谐波不一致。

(12) 长期开发。天基工业园、利用非地球材料（月球和小行星）的天基制造厂、旅游设施，以及太空移民等远期机遇，都需要大量的电力，这些需求可以通过 SSP 系统或者从轨道供电补给站的 WPT 得到满足。

与空间开发相关但会为地面工业带来直接利益的其他应用包括：

(13) 无人机。利用 WPT 为无人机的自由飞行推进提供电力，这种技术已经在加拿大的 SHARP 和日本的 MILAX 及 HALROP/ETHER 中进行了验证。潜在的应用包括，利用自由巡航能力进行监视、气象观测、不可见移动站之间的通信、高纬度地区的日地相互影响测量、对没有被机载燃烧引起污染的上层大气进行采样、污染监测以及其他地球观测应用等。

(14) 海上石油平台。对海上石油钻探过程中产生的天然气进行燃烧处理是一种很大的浪费，但将这种天然气存储并运到岸上成本很高，建设天然气输送管道也不可行。通过船载气轮发电站将天然气转换为电能，再通过 WPT 将电能输送到岸上，对充分利用这种丰富的天然气资源提供了较好的前景。

（15）龙卷风减缓。龙卷风形成于剧烈的雷暴内部，最初表现为这种雷暴内的下沉冷气流的内气旋。利用空间发电卫星输送来的热能可以将这些下沉冷气流中内气旋的雨滴加热，从而破坏龙卷风的形成过程。多次仿真显示，向下沉冷气流输送 0.5～10 GW 的聚束能量，就可以阻止较小内气旋中龙卷风的形成。与这种雷暴有关的大雨滴的能量吸收在 Ku～V 波段（12～60 GHz）效果显著。

综上所述，空间太阳发电卫星、SSP 衍生系统及相关技术具有多种综合应用前景。除了商业发电外，这些应用不仅有利于 NASA 未来的许多任务，还有利于商业空间开发和地面应用。

C.9.4　未来发展方向

NASA、产业部门和大学为了响应外部对于空间太能阳发电设想的强烈兴趣，在 1995～2003 年开展了一系列研发工作，并在 2004～2005 年持续开展了与 SSP 相关的研究。这些努力促进了 SSP 概念从体系结构到系统和技术体系的全面进步。通过对于关键系统要素更详细的分析，产生了对系统质量（以及成本）更准确的估计。总之，NASA、产业部门和大学在过去 10 年中的研究表明，新技术和创新系统概念的使用，可能会产生具有广泛空间应用的大规模空间太阳能电站。相比于此前的观点，这些应用更为可行。此外，应用于地面市场的、规模巨大的 SSP 在未来 20～30 年内会变得可行。

尽管碳氢燃料是目前全球能源供应的主体，但非传统、可再生能源的需求压力越来越大。已确定的非碳氢能源的逐步开发，如空间太阳能发电，可以确保在需要的时候，也许从现在起的 10～20 年内，这些能源方案会得到大规模的发展和应用。由于太阳能理论上具有无限可用性，作为一种基础负载供电方式具有相当大的吸引力。但要在地球表面建设基础负载太阳能发电站，需要投入大量资金进行能量存储系统的建设，这一需求几乎限制了其在所有市场中的应用。运行在地球同步轨道上的、类似于商业通信卫星、并能将大量的电力输送到地面市场的的空间太阳能电站，可能代表了一种新的能源方式。

概括来说，对未来有关活动的主要建议包括：

（1）应当继续开展新的创新性 SSP 系统概念定义研究。至今许多 SSP 的概念已得到定义并将变为可行。未来的技术开发将会影响到这些概念的可行性并将产生新的理念，新的理念又会实现新技术的创新。

（2）详细的经济和市场分析将有助于确定各种 SSP 系统的可行性。但是，当面对 SPS 可能成为一种对容易造成环境污染的矿物燃料的替代能源时，发展 SPS 就不仅仅是一个纯粹的经济问题了。

（3）持续的技术开发对于实现更高效的 SSP 系统必不可少，这些技术同样对于地面上的产品和服务具有广泛的应用。

（4）SSP 系统的未来开发可以通过各种有利于商业空间开发、空间探索及空间科学任务的验证任务来进行。

（5）为空间开发所提供支持的基础设施，尤其是低成本的空间运输，对于未来 SSP 的成功开发至关重要。未来 10～20 年，地球到轨道以及在空间的运输成本必将大幅度下降。

（6）尽管目前尚未显现出明显的环境问题，但必须在美国以及全球范围内对有关问题加以研究，以便使公众相信 SSP 的无线能量传输是安全的。而且，对于矿物燃料使用的日益增加及其所造成的全球性影响应当作为各种比较评估内容的一部分。

（7）SSP 的长期发展对于一般的空间开发具有很多有益的应用，包括对于科学、载人空间探索、商业开发以及国防都具有重要意义。

（8）由于 SSP 系统本身可以向地球上任意地点提供电力，国际参与对于 SSP 计划的成功开发至关重要。许多欠发达地区可以从 SSP 发展中获益，最终有助于提高全世界人民的生活水平。

对于 SSP 明确而持续的技术研发必不可少。研究与技术发展路线图是 SERT 项目研究（1999～2000 年）的一部分，用来确定未来数 10 年内所要取得的最重要的成果。这些研究工作潜在的帮助了许多其他空间和地面市场的技术进步。图 C—11 描述了在未来数 10 年内可能实现商业空间太阳发电卫星的技术发展路线图。这一路线图的重点是关键技术的研发以及在地面和空间的验证。

在目前及 2005 年以后的一段时间内，对于许多技术方案将会开展部件级和实验室级的探索研究工作。由于空间太阳能电站的发电方式和向地面的传输方式有很多种，重要的是还不能完全选定整体方案，否则会造成其他某些最终被证明对于经济上的成功实现至关重要的技术的开发不足。

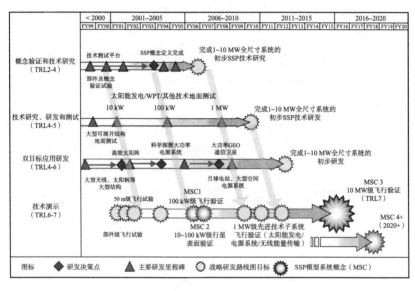

图 C-11　空间太阳能电站战略研究与技术研究计划
SERT（1999～2000 年）的技术安排和里程碑路线图

2008～2010 年，多个关键技术领域的进展将对于实现从空间获得大量而廉价电力的进步至关重要。这些关键技术领域包括无线能量传输技术、先进太阳能电池以及电源管理系统。关键的验证工作可能包括：

（1）开展地面验证，利用地面的高塔和反射器实现距离达 100 km 的无线能量传输测试，反射器也可以悬挂在 20 km 高的飞艇上。

（2）在国际空间站上开展先进太阳能发电技术验证，对创新太阳能发电和电力管理技术进行测试。

（3）对 100 kW 功率级别的初始 SSP 平台开展实验室验证。

（4）开展利用 5～20 kW 功率级别的无线能量传输技术对机器人漫游车提供电力的月球极地探索。

这些验证与为满足大规模通信卫星需要而进行的技术开发、空间科学和近地探索应用的太阳发电和推进系统，以及近地轨道持续的商业开发相一致。其中，近地轨道的商业开发包括对无线能量从中心电站输送到其他卫星的验证。

2011～2015 年将开发一个微型的 SPS 平台用来验证各种地面、空间和月球应用的电力收集和无线传输概念。关键验证工作可能包括：

（1）开发一个 1 MW 级卫星系统，包括 SSP 发电平台和自由飞行接收器。这将验证空间—空间的无线能量传输和空间—地面无线能量传输的可行性。

（2）利用空间—空间、以及地面—空间的无线能量传输，实现地球轨道的电推进轨道转移飞行器的运行。

（3）穿越月球表面以及从月球轨道向月球极区的机器人探测器进行的月球无线能量传输。

这些先期进行的空间及对地无线能量传输将验证一些关键技术，并有助于消除全世界对于空间向地面进行微波和激光能量传输的担忧。

2016～2020 年，将研制并验证 10 MW 功率级别的中等规模的 SSP 平台。这一规模的电力设施有许多应用，包括：

（1）较小规模的 SPS 试验型电站，以验证通过无线能量传输向接入现有地面电网的地面接收站输送电力。

（2）为新的行星际运输系统提供波束能量。

（3）为新的航天商业产业提供空间电力。

（4）为多个政府和商业应用建立完整规模的空间电站。

如果能够成功开发，这些技术还将在超高效率太阳能电池阵、能量存储系统、利用无线能量传输技术将电力从能量丰富地区输送到偏远的电力缺乏地区等地面应用方面得到广泛的应用。

2020 年后，利用能够产生 1～2 GW 或更高功率的全尺度规模的空间 SSP 系统平台所需的技术，将验证为地面市场提供基础负载电力传输。这一时间框架与开发极低成本的地球—轨道空间运输系统的现有计划相一致，这一系统的运输成本为 100～200 美元/kg，可以低成本地实现将建设完整规模发电设施所需的物资送入太空。最后，2050 年以后，作为向地球提供清洁电力的主要和潜在主要能源的、功率级别超过 10 GW 的甚大规模空间 SSP 平台将变为可行。这类系统还可能向空间资源工业开发提供极大功率的电力，扩展人类在近地轨道以外的探索和开发，以及在本世纪后期为近星际空间开展机器人探索提供电力等诸多方面得到应用。

参 考 文 献

[1] Aeronautics and Space Engineering Board (NRC), Laying the Foundation for Space Solar Power: An Assessment of NASA's Space Solar Power Investment Strategy, Committee for the Assessment of NASA's Space Solar Power Investment Strategy, National Academy Press, Washington, D C, 2001.

[2] AIAA Assessment of NASA Studies of Space Solar Power Concepts: Vol. 1 & 2, Multiple-use Technologies and Applications, NASA Marshall Space Flight Center grant NAG8-1619, American Institute Of Aeronautics And Astronautics, Reston, Virginia, October 31, 2000.

[3] Blackburn, J. B., Jr., and B. A. Bavinger, Satellite Power System Rectenna Siting Study, The Final Procceedings of the Solar Power Satellite Program Review, 1980.

[4] Cusac, A. M., Nuclear Spoons, Article for "The Progressive Magazine" based on database from the Department of Energy and the Nuclear Regulatory Commission, August 1998 issue; http://www.progressive.org/cusac9810.htm.

[5] Energy Information Agency, "Electric Power Annual 1999 Volume I," Power pie charts from the US Department of Energy and the Energy Information Agency, http: //www. aep. com/Environmental/solar/power/graph3. htm.

[6] Energy Information Agency , "International Energy Outlook," US Department of Energy, Washington, D. C. , USA, April 1997.

[7] Energy Information Agency, "The International Energy Annual 1999," Energy Information Agency, US Department of Energy, 1999.

[8] Energy Information Administration , "Electricity," Energy Information Administration/International Energy Outlook 2001, US Department of Energy, http: //www. eia. doe. gov.

[9] Energy Information Administration, "Highlights," Energy Information Administration/International Energy Outlook 2001, US Department of Energy, http: //www. eia. doe. gov.

[10] FCC, "Radio Frequency Safety," Federal Communications Commission, 2000.

[11] Feingold, H. , et al, "Space Solar Power—A Fresh Look at the Feasibility of Generating Solar Power in Space for Use on Earth," Science Applications International Corporation, report SAIC-97/1005, Schaumberg, IL, 1997.

[12] Finn, B. : "Origin of Electrical Power," Essay from the National Museum of American History, http: //americanhistory. si. edu/csr/powering/prehist/prehist. htm.

[13] Glaser, Peter, "Power from the Sun: Its Future," Science, Vol. 162, No. 3856, pp. 857—866, November 22, 1968.

[14] Glaser, P. E. , F. P. Davidson and K. Csigi, "Solar Power Satellites," John Wiley & Sons in association with Praxis Publishing, Chincester, 1998.

[15] Hamilton, M. M. , "Agreement to Cut Production Sends Oil Prices Up 13 Percent," Washington Post Business Section, Washington, DC, March 24, 1998.

[16] Hoffert, M. , et al "Engineering Response to Global Climate Change: Planning a Research and Development Agenda (edited by Robert G. Watts), Lewis Publishers, New York City, NY, USA, 1997.

[17] Howell, J. , and Mankins, J. C. , "Preliminary Results From NASA's Space Solar Power Exploratory Research And Technology Program," Pro-

ceedings from the 51st International Astronautical Congress, Rio De Janeiro, Brazil, 2000.

[18] "IPCC Second Assessment: Climate Change 1995," Intergovernmental Panel on Climate Change (IPCC) and theUS Global Change Research Program (USGCRP), United Nations, 1995.

[19] Koomanoff, F., "Presentation on Satellite Power Systems," Proceedings from the US Department of Energy/National Aeronautics and Space Administration meeting, August, 1980.

[20] Mankins, J. C., "Space Solar Power: A Fresh Look," AIAA 95－3653, American Institute of Aeronautics and Astronautics, Washington, D. C., 1995.

[21] NASA, "Space Solar Power, An Advanced Concepts Study Project." Proceedings of SSP Technical Interchange Meeting, September 19－20, 1995 (2 Volumes). National Aeronautics and Space Administration, Washington, D. C., 1995.

[22] NASA, Shuttle Missions-1996, Mission STS-77, Inflatable Antenna Experiment, http://spaceflight.nasa.gov/shuttle/archives/year1996.html accessed, September 27, 2001.

[23] National Research Council, "Electric Power from Orbit: A Critique of a Satellite Power System", U. S. National Research Council, National Science Foundation, Washington, D. C., 1981.

[24] Office of Technology Assessment, "Solar Power Satellites." U. S. Office of Technology Assessment, U. S. Congress, Washington, D. C., 1981.

[25] Ogden, D. H., "Boosting Prosperity: Reducing the Threat of Global Climate Change Through Sustainable Energy Investments", Energy Foundation, San Francisco, California, USA, January 1996.

[26] Rawlings, P, R, NASA Artwork by Pat Rawlings, Science Applications International Corporation.

[27] Sanders, J., and C. W. Hawk, "Space Solar Power Exploratory Research and Technology, Technical Interchange Meeting 1, Executive Summary," NASA Marshall Space Flight Center contract NAS8-97095 Task No. H-31884D, University of Alabama in Huntsville, Huntsville, AL, September 7, 1999.

[28] Sanders, J., and C. W. Hawk, "Space Solar Power Exploratory Research and Technology, Technical Interchange Meeting 2, Executive Summary," NASAMarshall Space Flight Center grant, NAS8-H-32056D, University of Alabama in Huntsville, Huntsville, AL, March 17, 2000.

[29] Sanders, J., and C. W. Hawk, "Space Solar Power Exploratory Research and Technology, Technical Interchange Meeting 3, Executive Summary," NASA Marshall Space Flight Center grant, H-32941D, University of Alabama in Huntsville, Huntsville, AL, September 28, 2000.

[30] Science Applications International Corporation, Abacus Cargo Vehicle concept, by SAIC.

[31] Smitherman, D. V., "New Space Industries for the New Millennium," NASA/CP—1998—209006, NASA Marshall Space Flight Center, December 1998.

[32] Smitherman, D. V., NASA Artwork by David Smitherman, NASA Marshall Space Flight Center, 2000.

[33] "SPS 91-Power From Space," Proceedings from Second International Symposium on Solar Power Satellites, Paris, France, August 1991.

[34] The Boeing Company, "Space Solar Power Systems Studies and Analysis," The Boeing Company, NASA Marshall Space Flight Center, contract NAS8-00140, November 14, 2000.

[35] The Boeing Company, "Space Solar Power Technology Demonstration for Lunar Polar Applications," The Boeing Company, NASA Marshall Space Flight Center, contract NAS8-99147, November 1, 2000.

[36] Uranium Information Center Ltd., "Nuclear Power in the World Today," Nuclear Issues Briefing Paper 7 from the Uranium Information Center Ltd, August 2001; http://www.uic.au/nip07.htm.

[37] Woodcock, G. R., et al, "Solar Power Satellite System Definition Study, Phase II Final Report, Volume II," Report D180—25461—2, Boeing Aerospace Company for NASA JSC, Seattle, Washington, November 1979.

附录 D 日本的研究工作

本附录总结了 JAXA 委托三菱研究所所作的《空间太阳能电站系统研究（SSPS）》研究报告，是由 URSI 前主席、东京大学的 Hiroshi Matsumoto 教授主持的 SSPS 委员会的系列活动报告，SSPS 的含义要比 SPS 更广泛。尽管大部分报告采用日文撰写，但在可能的条件下，参考文献还是尽量改写为英文，其中一些报告已经在有关的国际会议发表。

D.1 JAXA 模型

JAXA 即此前的 NASDA，在不同的部件级对于 SPS 的概念和技术可行性进行了研究。JAXA 提出了一个 5.8 GHz 的 1 GW 功率的 SPS 模型，已有多种构型被提出、评估和改进。SPS 的基本发展趋势可以从图 B—8 中看出，可以利用微波（无线电）技术或激光（光学）技术将太阳能通过波束形式输送到地球表面，而微波方法正在取得快速的发展（光学方法总是受到与天气相关因素的影响）。

D.1.1 2001 模型

近年来，确定并研究了与 SPS 有关的各种问题。SPS 包括两个主要部分：

（1）太阳帆板部分（发电装置）；

（2）天线部分（发射机）。

主要的问题是如何将两者组装在一起。2001 年，研究人员提出了"三明治"结构概念，见图 D—1。在这一概念中，太阳光从正面接收，而微波通过背面进行辐射，中间需要连接模块。如果采用这种上/下表面构型，散热就成了一个严重的问题。

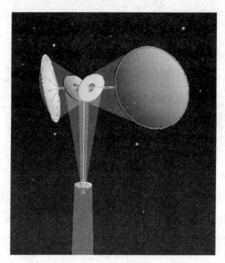

图 D—1　2001 年参考模型

在 2011 模型中，采用的就是"三明治"概念，它包括以下三个部分：

（1）主镜，尺寸：4 km×6 km；

（2）副镜，尺寸：2 km×4 km；

（3）能量转换模块（夹层结构方案），直径：2.6 km。

这三个部分采用机械方式连接，其中能量转换模块总是指向地球，而镜面系统必须通过旋转，以不间断地接收太阳辐射，这就使系统在结构和机构方面面临巨大的挑战。

在各种情况下，能量转换模块都面临严重的散热问题，过热将会严重降低整个模块的转换效率。在 JAXA 的模型中，镜面与能量转换模块间的距离大约为 3 km 到 4 km，需要利用一个非常长的桁架进行连接。

D.1.2　2002 模型

2002 模型的提出主要是为了解决 2001 年模型中存在的散热问题。从本质上讲，是将太阳接收和微波发射安置在同一平面上（正面），这种设计可以使背面空出来用于散热。辐射活动（太阳能接收转化和微波发射过程）在同一面进行，产生的多余废热将通过另一面释放。图 D—2 给出这种模型的示意图，将太阳能电池与微波天线全部安装在相同的表面，并排排列。

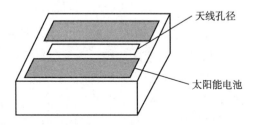

图 D—2　具有太阳能电池的发射天线

图 D—3 描述了 2002 模型。主镜尺寸为 2.5 km×3.5 km；桁架长度为 6 km，质量为 200 t；能量转换模块直径为 2 km，质量为 7 000 t；同时需要一个 400 t 重的透镜（后面讨论），透镜被安装在主镜和转换模块之间。这种模型的不利之处是所有的部件间都需要采用机械连接。

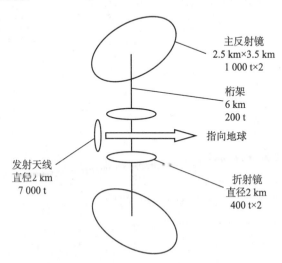

图 D—3　2002 年参考模型

2002 模型提出的将太阳能接收和微波发射器件安装在同一面的转换模块设计方案是可行的，但产生了下列问题：

（1）这种太阳能电池板的光电转换效率要比常规的太阳能电池板低，为了获得与后者相同的电能，需要更大的太阳能电池板的面积。

（2）为了将这种大型结构发射到空间，必须采用模块化方式。但是 2002 模型的 SPS 系统在空间组装后，需要在各模块之间进行电力传输，模块间需要进行相互连接所产生的影响抵消了将它们安装在同一表面的优点。

（3）为了将太阳光从主镜面反射到转换模块，需要一个非常复杂的折射镜，这种折射镜的设计与制造都非常困难。

由此看来，这种转换模块的缺点超过了它所具有的优点，将所有的转化功能安排在同一侧或同一表面并不是一个好主意。因此，仍然需要重新回到夹层结构设计方案。这一替代方案（2002 模型）存在很多问题，但"三明治"概念也存在散热问题，这一问题直到 2004 年年底依然没有好的解决方法，还需要实现一些技术上的突破。

D. 1. 3　2003 模型（编队飞行 SPS）

SPS 为了在空间收集太阳能并将其传输到地球，太阳能收集系统（镜面、光伏阵列或其他）和能量传输系统（微波天线或其他）的指向就会有所不同，因此必须采用某种机构连接，但是采用万向节会降低系统可靠性。

这一问题可以通过采用编队飞行技术加以避免。图 D—4 给出了 JAXA 提出的编队飞行 SPS 概念图。SPS 由两个主镜和 SPS 主体（副镜、能量转化系统和能量传输系统）构成。SPS 主体被部署到 GEO 上，两个主镜被部署在距离 SPS 主体南北各数千米处。

太阳聚光镜接收来自太阳的太阳光压。由于主镜相对于 GEO 平面是倾斜的，太阳光压因此分成水平压力（与 GEO 平面平行）和垂直压力。水平力将利用某种装置予以抵消，如采用离子推力器，剩

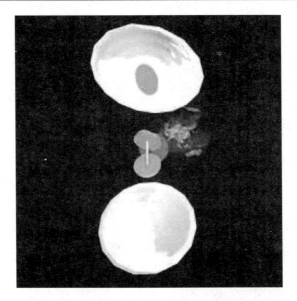

图 D—4　2003 年参考模型

余的垂直力将作为升力将主镜从 GEO 移开。镜面也受到由于镜面轨道运动产生的引力影响。如果主镜的重力与由太阳光压产生的升力相抵消，那么被安置在相对于 GEO 略微倾斜轨道上的主镜就可以停留在 SPS 主体的南北位置上。

太阳光压能够将质量较轻的太阳聚光镜从 GEO 平面移开，这一技术可以允许三颗卫星部署在三个平行的轨道上。如果卫星足够大、足够轻，并能利用太阳光压浮起，在 GEO 附近就有可能存在这样的轨道。如何控制这种重量轻、体积大的结构体的形状和姿态，是将来需要着重加以研究的一个问题。

D.2　发射和运输

D.2.1　发射

为了建造和发射 SPS，需要研制两种运载工具：一种是可重复使用的运载火箭，能够以较低的价格将重型材料运输到近地轨道进行组装。另一种是小推力轨道运输飞行器，用于将 SPS 从 LEO 运送到目标轨道（GEO）。这两种运输技术对于实现 SPS 系统必不可少。运输成本占 SPS 建造成本相当大的比例，而运输成本大部分又主要为 RLV 的成本。

D. 2. 2　运输

由于 SPS 需要在 LEO 组装并通过 EOTV 运送到 GEO，期间会受到辐射带和空间碎片的严重影响[4,5]。如果 SPS 的太阳能电池在到达 GEO 时由于辐射已经有明显的效率衰减，就有必要发射更多的有效载荷来补偿这一衰减，以确保达到预设的发电量，这就会增加 RLV 的运输需求总量。一个 1 GW 功率级的 SPS 的尺寸达到公里量级，其横截面相当于 100 个国际空间站。因此，研究人员对于在 LEO 组装期间所受到的空间碎片的影响非常担心。在考虑电池性能衰减和碎片影响的因素下，这一小节介绍了能够最大限度地降低 RLV 运输要求的最佳在轨运输方法。尽管因辐射造成的电池性能衰减可以通过采用 CIGS 电池降到最低，但铟和镓资源非常短缺，特别是铟材料预计在未来不到 20 年时间内将会耗尽。因此，利用储量丰富的硅材料制成的薄膜电池就成为理想的选择。

本文对下面两种情景进行了分析。

（1）情景 1。SPS 组装轨道不局限于 LEO，也对较高轨道的组装进行了研究。利用 LOX/LH₂ 发动机的大推力 OTV（HOTV）进行低轨向高轨的运输。在情景 1 中，薄膜电池假定在发射时就已经完成安装。

（2）情景 2。利用 HOTV 仅将薄膜电池在较短时间内运送到 GEO，目的是避免 SPS 电池性能的衰减。

分析结果如下，其中 m_{req} 被定义为不考虑电池性能衰减，在地球同步轨道能够对地面提供 1 GW 能量的 SPS 系统的重量，约为 10 000 t。

（1）在分离高度降低以及在 GEO 10 年后电池的剩余系数是

0.925 的情况下，RLV 的运输量快速增加。这是由于为了缩短飞行
时间，保证完成一个往返飞行后保持剩余系数大于 0.6，需要采用较
大型的 EOTV。

（2）如果在 GEO 经过 10 年后的剩余系数是 0.925，对于基本的
HOTV，最小的 RLV 运输量为 2.50 m_{req}（高度 7 000 km），而对于
先进的 HOTV，最小的 RLV 运输量为 2.34 m_{req}（高度 8 000 km）。
情景 1 所带来的提高仍不够。

（3）如果在 GEO10 年后的剩余系数有所提高，从较低起始轨道
所需要的 RLV 运输量就会降低。如果在 GEO10 年后的剩余系数在
0.93～0.94 之间，RLV 从较低轨道运输的量就会相对平衡。因为
EOTV 的高比冲效应会补偿电池衰减的影响，这被称为"关键剩余
系数"。如果剩余系数能够大于关键剩余系数，EOTV 从 500 km 高
度起飞是最优的。

（4）如果薄膜硅电池的衰减特性得不到改善，HOTV 就需要采
用比 LOX/LH2 发动机比冲大的推进系统，太阳热推进和激光推进
都是可选方案。在高度为 8 000 km 时，对于 SOTV（LOTV）所需
的 RLV 运输的最小量为 2.04 m_{req}（9 000 km 为 1.68 m_{req}）。

（5）图 D－5 给出了非晶硅电池在 1 MeV 电子照射条件下的测
试结果[7]，结果显示电池性能在 $5 \times 10^{15}/cm^2$ 通量[8]情况下衰减明
显。由于在 GEO 经过 30 年的累积通量值大约为 $1.5 \times 10^{15}/cm^2$，这
种非晶硅电池是可以接受的。当 EOTV 电池在经过一轮飞行后剩余
系数降至 0.6，且累积通量达到 $1 \times 10^{17}/cm^2$，如果非晶硅电池在空
间的性能衰减到如图 D－5 所示，EOTV 就无法返回了。根据文献
[7]，非晶硅电池被发现存在"退火"效应。由于非晶硅电池在空间
中受到的辐射强度比辐照测试中低得多，考虑"退火"效应，实际
的衰减程度可能比图中的情况好。研究人员认为应当通过一颗小型
卫星的验证飞行，来确定非晶硅电池可承受通量的上限。

（6）在前面的情景 2 中，研究人员假定 SPS 在 GEO 组装。这里
需要对在 EOTV 分离轨道进行组装的可行性进行分析。在 GEO 停

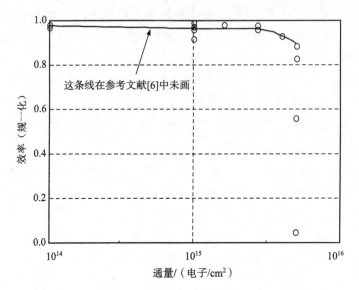

图 D—5　非晶硅电池在 1 MeV 电子辐照测试结果

留 10 年后的剩余系数大于 CRF 时，EOTV 的分离高度变为500 km。但由于空间碎片的影响，在这样的高度上进行组装并不理想。在 GEO 停留 10 年后的剩余系数小于 CRF 时，EOTV 的分离高度变为 7 000～9 000 km。尽管在这样的高度上进行组装不会受到碎片的影响，但由于辐射环境因素，这一区域对于卫星组装也并不利。因此，在 GEO 上进行组装比较好。

在近地轨道和地球同步轨道之间实现高效率的运输，是实现 SPS 的一个重要问题。在轨组装阶段和在轨运输阶段，SPS 都处于空间碎片和空间辐射的恶劣环境下。辐射会引起 SPS 太阳能电池性能的严重衰减。

在假定 RLV 的运输量为 $1.3\ m_{req}$ 的条件下，SPS 中可重复使用运载火箭的运输成本估计占总成本的约 1/4。因此，把 RLV 的运输量减少到 $1.3\ m_{req}$[9] 非常重要。在情景 1 中，我们考察了在低于 GEO 的轨道高度上组装 SPS 并通过 EOTV 将其运输到 GEO 的情形。在此情景中，薄膜硅电池安装在支撑框架上并通过 EOTV 来运输。研究人员发现，为将碎片撞击的频率降低到安全水平，组装高度应超过 3 000 km。另外，SPS 也不应当在 3 000～11 000 km 之间的任意高度组装，以避免电池性能的衰减。因此，在情景 1 中组装高度限定为 11 000 km 以上，这使得 RLV 的运输量很难降低到 3 m_{req} 以下。

接下来，研究人员考察了情景 2 中仅将薄膜硅电池由 HOTV 直接运输到 GEO。当电池在 GEO10 年后的剩余系数为 0.925 时，利用 LOX/LH_2 发动机将 RLV 分离轨道和 EOTV 分离轨道之间进行运输的 RLV 运输量降至 2.4 m_{req} 左右，但这还不够充分。通过研究在 GEO 工作 10 年后的各种剩余系数表明，如果能够实现剩余系数大于 CRF，500 km EOTV 的分离高度为最优，而且 RLV 的运输量也会降至 2 m_{req}。如果薄膜硅电池的衰减特性得不到改善，就需要采用比 LOX/LH_2 发动机比冲更大的推进系统。研究人员还发现，如果在 HOTV 中采用太阳热推进或激光推进，RLV 的运量可以小于 2 m_{req}。

本文研究发现，在改善薄膜硅电池衰减特性的同时，开展诸如太阳热推进和激光推进等新型推进系统的研究与开发，对于实现 SPS 具有重要意义。

D.3 太阳能发电

D.3.1 太阳能聚光器

D.3.1.1 关键技术

SSPS 运行在地球同步轨道位置上，将太阳能转换为微波或激光，向地面提供稳定的电能，主要包括两个过程：太阳光获取以及提供能量。

在空间运行非常困难，因为空间环境存在以下三个严酷的特征：

(1) 无重力；

(2) 强辐射；

（3）近真空。

太阳能电池吸收太阳光并将其转换为电能，但这一转化过程并不能实现 100％转化，不能转化为电能的部分被转换为热能或者光能，这与采用的器件有关。但是某些频段并不能被光电转化器件所接收，这些频段可能是紫外线或红外线，如果这些频段的光线辐射剂量高，便可能对光电转化器件造成损害。高能紫外线可能会降低器件的性能或造成器件损坏，而另一方面，红外线可能会使器件过热，导致器件效率下降。因此，为了提高太阳能电池的寿命和性能，必须仔细设计能够阻挡有害频段的方法，仅允许希望的频段到达太阳能电池。所以，太阳光收集的一个重要主题就是波长控制技术。为了更好地掌握这项技术，需要更全面地了解器件的特性以及器件在空间环境中的可靠性。

假设当太阳光垂直照射在太阳能电池板上时，能够产生最大的能量输出。因此，要持续获取最大的发电量，必须保持入射光与太阳能电池板垂直。地面上的太阳能发电分为有太阳光追踪和无太阳光追踪两种方式。据报道，采用太阳追踪后的发电量可达到无太阳追踪发电量的两倍。在太空中，主镜实现捕获太阳辐射，而次镜实现稳定地向太阳能电池提供太阳辐射。太阳光追踪技术本身就是一个很大的课题，需要非常复杂的技术。

近年来，又出现了新的发展思路，具有高太阳光转化效率的新型太阳能电池得到验证。例如，太阳能公司（Sun Power Company，美国）开发了一种源自单硅晶的太阳能电池，当太阳辐射达到 200～300倍太阳常数时，能量转换效率可达 25％。最近的研究表明，当捕获的太阳光强度达到 1 000 倍太阳常数时，可以实现 35％的转换效率。这种聚光技术可用于基于微波和激光的 SPS 系统。目前有关激光系统的设想是采用太阳光直接泵浦激光器，一般认为激光系统需要达到 1 000 倍以上的光照强度。此外，阻挡有害波长也是必须的。因此，微波系统和激光系统在研究方向中存在某些重叠内容。

然而，当使用次镜进行太阳聚光或太阳能泵浦激光时，会导致大量太阳光的损失。为了减少使用次镜时的光损失，采用类似复合抛物面聚光器（CPC）的聚光方法将是有效的，可以在不包含追踪功能的情况下实现聚光。对于太阳能电池，太阳光的均匀性很重要，有必要讨论如何在空间实现聚光的均匀性。

D.3.1.2　波长控制

波长控制是指仅允许特定频段的光线照射在太阳能电池的表面，而其他频段的光线可能会损害太阳能电池的寿命和性能。波长控制装置被安装在光线收集系统和能量转换器件（太阳能电池）之间。有多种可供选择的波长控制装置，主要为光学滤光器。可供选择的装置包括：

（1）吸收式滤光器；

（2）电介质多层滤光器；

（3）衍射光栅滤光器。

根据研究，电介质多层滤光器可以满足 SPS 应用的需求，而另外两种滤光器在太阳聚光情况下不能满足需求。如果不采用太阳聚光，滤光器可覆盖在主镜上，也可覆盖在太阳能电池上。

今后需要对在空间使用的主镜的多层膜涂层进行更多的研究。同样，在空间真空环境下使用的电介质多层滤波器（热反射镜）也需要更多的研究。必须对这些涂层在空间的寿命特性进行验证。

对于 SPS 聚光器来说，需要谨慎的将聚光镜的太阳光分离成供能量转换使用的光谱成分及其他成分，并且只允许前者到达太阳能电池。

尽管玻璃能够正常使用并且能够长期耐受空间环境，但用它来做镜面有着难以克服的障碍，即玻璃很重。目前，似乎最好的方法就是使用涂有多层电介质的大型分子膜。采用这种方法，必须考虑许多与系统寿命相关的因素。表 D—1 所示的是影响大型分子膜寿命的因素。

表 D—1　聚合分子膜的寿命

类　型	造成损伤的因素
空间损伤	空间辐射、缺少空气
	碎片、气体
化学损伤	聚合物分子的热损伤
	多相结构和杂质
	太阳光损伤
物理与机械损伤	金属疲劳
	对化学品的耐受性（用于推进的化学品）

　　杜邦公司（Dupont）在 1964 年研制的聚酰亚胺（Kapton）是为严酷空间环境所研制新材料的一个很好的例子。凯夫拉（Kevlar）也是为航天任务而研制出来的。为了获得更多更好的空间材料，需要开展更多的化工方面的研究。

　　基于下列原因，聚光器的性能衰减是不容许的。SSPS 的预期寿命必须足够长，以超过其能量回收时间。为了实现这一目标，太阳能电池阵必须持续工作 20 年以上（当发电量减少到初期发电量的一半时，便意味着寿命终止）。太阳能电池是制约整个 SSPS 寿命的一个重要因素。因此，主镜或其他聚光系统不容许有任何的损伤。了解在空间使用的镜面及其他聚光器的寿命对于 SSPS 的成功至关重要，这是一个尚未充分了解的重要参数。

D. 3. 1. 3　总结

　　太阳能获取技术（太阳光收集技术）是保证充足能量的一项关键技术，这项技术可通过 SSPS 的研究得到发展，包括在地球同步轨道上部署一个大型太阳聚光系统。在地球附近接收到的太阳光强度（介于大气层到地球同步轨道之间）约为每平方米 1.4 kW。需要通过能量转换装置来捕获这些太阳光，将反射及其他形式的损失减少到最小程度。

　　例如，对于光电转换而言，二级聚光能否解决、太阳光均匀化能否实现以及波长过滤能否实现等问题，都与是否使用聚光器相关。

总之，光学设计对于整个系统来说非常重要。同时，由于必须安置在地球同步轨道位置，SPS 必须被建成一个超轻结构。同样，用于太阳光收集的装置和系统材料也必须是非常轻的，由于太空的恶劣环境（真空、空间辐射、失重和空间碎片等），需要对装置和系统进行较为保守的设计，以保证它们能够在太空中长期工作。确保装置和系统能够长期工作的问题，应由所有的相关方共同讨论确定。

D.3.2　发电技术

D.3.2.1　发电系统概念

为了实现 SPS 的商业化，必须解决几个尚未解决的太阳能电池问题。

（1）大幅减轻质量。

（2）大幅降低成本。

（3）大批量生产的可行性。

不要期望通过薄膜太阳能电池获得高效性能，但可以期待在质量和自然资源保护方面获得较好的结果。另一个选择是将稀土元素（III—V 族元素）用于太阳能电池，这种选择有利有弊。主要的优点是可以具有更高的效率，当与太阳聚光方法相结合时，只需要较少量的太阳能电池。但不确定的是稀土太阳能电池是否可以大批量生产。当前的 SPS 概念方案是将太阳能电池部分和微波发射部分集成为一体。因此，两者的面积最好设计为相同。一旦确定了系统需要的功率，就可以计算出系统参数，包括 SPS 微波发射天线面积、微波整流天线阵面积和太阳能电池板面积。有些参数则必须预先假定，包括辐射能量密度、太阳能电池转换效率等。

SPS 微波发射天线的面积取决于地面微波整流天线阵的面积和微波能量密度。另一方面，太阳能电池板的面积取决于太阳辐射能量密度（基本不变）、太阳能电池转换效率（可以随着技术的改善而提高）和系统功率需求（整个系统必须产生的电量）。

转换效率由太阳能电池的类型（技术）确定，而系统功率需求取决于系统设计。通过使用太阳聚光技术，有可能减少太阳能电池阵的面积。由于太阳能电池板会过热，这种方法的使用也存在着限制。

　　2001 年，全世界太阳能电池的产量为 391 MW，而日本占了其中的 160 MW。在今天，80％以上的太阳能电池都采用单晶硅和多晶硅。日本计划到 2010 年将其产量增加到 4820 MW，为了实现这一目标，必须大幅降低成本。全世界的研究中心都在开展必要的研发。因此，预期到 2010 年，CIGS 和薄膜非晶硅太阳能电池将成为主流。图 D—6、图 D—7、D—8 所示的是太阳能电池的批量生产、累积使用情况以及成本的相关信息。

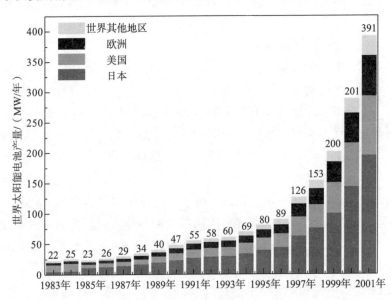

图 D—6　太阳能电池的生产曲线（NEDO 太阳风技术开发中心）

　　为了解决目前的太阳能电池问题和在卫星上的散热问题，研究人员对两种发电系统进行了研究，见图 D—9。

　　表 D—2 给出各种情况下 1 GW SPS 系统中所需的太阳能电池面积。对于太阳聚光方法，假定采用高效率的 III—V 族材料。对于薄膜电池，假定采用 CIS 和非晶硅的组合。太阳聚光率可以是低的

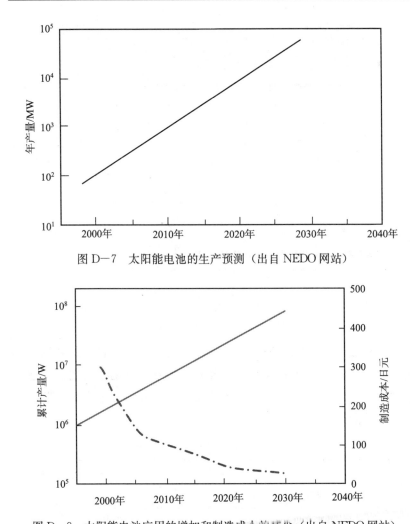

图 D—7　太阳能电池的生产预测（出自 NEDO 网站）

图 D—8　太阳能电池应用的增加和制造成本的减少（出自 NEDO 网站）

（几百级）或高的（几千级）。在任何情况下，太阳光必须均匀地照射在太阳能电池上。太阳能电池产生的热量必须导向散热器，并辐射到空间。对于超轻薄膜方法，太阳能电池阵列必须有 3.5～4.2 km² 的表面积。这是因为虽然薄膜电池质量轻，但能量转换效率低。如果微波天线直径达到 2 km，那么太阳能电池面的面积将大于

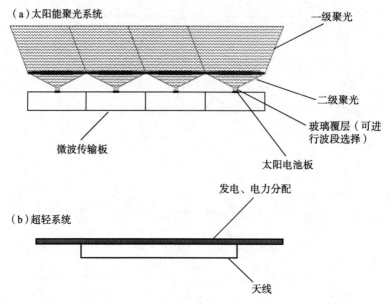

图 D-9　太阳能发电概念[11]

发射天线面，就需要在 SPS 内部进行复杂的电力分配。采用 CIS/非结晶硅技术的太阳能电池可能更有前景，主要表现在它们更加适应恶劣的空间环境。如果防护玻璃可以减重，SPS 的总质量就能够获得实质性的降低。

表 D-2　1 GW 系统的电池面积[11]

大气损耗	0.98
夏季影响	0.97
季节变化	0.91
接入效率（商用电力网）	0.95
射频—直流电转换效率	0.76
直流电—射频转换效率	0.75
能量收集效率	0.93
全部（太阳能电池除外）	0.44

续表

太阳能电池	III−V	CIS	a-Si
太阳光—直流电转换效率	0.40	0.15	0.10
辐射损伤（30 年后）	0.80	0.95	0.95
全部	0.32	0.14	0.10
整个系统	0.14	0.06	0.04
太阳辐射强度/（W/m²）	1 353		
发电量/GW	2.30		
收集的太阳光	1 000	1	1
太阳能电池面积	m²	km²	km²
1 GW	5 309.32	11.92	17.88

D.4 热控技术

D.4.1 微波 SPS 的热控

D.4.1.1 SPS 内部的能量流

为了研究热控方法，首先需要对能量流和转换模块的内部热量进行描述。转换模块的主要组成部分包括将太阳光转换为直流电的发电装置（太阳能电池阵）和将直流电转换为微波辐射的发射机（磁控管）。太阳光在经过反射（使用镜面）、折射（使用菲涅尔透镜）或者两者的组合方式入射到发电装置。照射在太阳能电池板上的太阳光一部分被吸收，另一部分被反射。被吸收的能量则被转换为热或者电。尽管我们需要的只是电能，但不可避免的会产生不希望的热量。电能通过发射机转换为微波辐射并传送到地面，这个过程也会产生不希望的热量。因此，这些不需要的热量主要来自于太阳能电池和磁控管，管理这些不需要的热量是热控研究的主要目标。
见图 D−10。

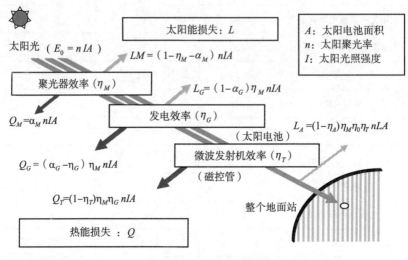

图 D−10　微波传送的能量流

D. 4. 2　热工况

D. 4. 2. 1　参考模型的轨道状态

目前已经完成了以下研究工作：

（1）对于 2001 参考模型转换模块的热量分析建立了一个简化
模型。

（2）对于 2002 参考模型转换模块的热量分析建立了一个简化
模型。

（3）对于国际空间站轨道和地球同步轨道位置的昼夜温度变化
进行了比较。

2002 参考模型的单个模块和 2001 参考模型的单个模块，见图
D−11、图 D−12。

图 D−13 所示的是在地球同步轨道上 2002 参考模型温度变化的
计算结果，横轴对应一天中的时间。在 24 点，由于出现了阴影，发

射机和太阳能电池板的温度开始下降；在 6 点和 18 点，由于太阳光
与太阳能电池板几乎平行，太阳能电池板出现温度骤降。

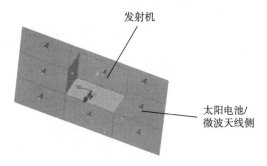

图 D—11 2002 参考模型的单个模块

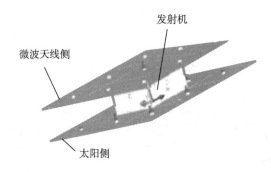

图 D—12 2001 参考模型的单个模块（三明治设计）

图 D—14 所示的是在地球同步轨道上 2001 参考模型温度变化的
计算结果，除能量发射模块之外，2001 模型温度都要高 40 K。因
此，从热控角度来说，2002 模型比 2001 模型更为优越。因为需要排
散的热量减少，即使使用了热控装置，总质量也会相应减少。图
D—15 所示的是当 SPS 处于近地轨道（国际空间站轨道）时，2002
参考模型温度变化的计算结果。与图 D—13（地球同步轨道位置）
相比，近地轨道的温度变化范围较小，这可以解释为近地轨道周期
较短。表 D—3 给出了对应各种模型的温度变化范围。无论对于任何
状态和任何模型，工作设备都会发生过热。因此，需要采取一些热
控措施，例如附加一个或多个热辐射器。

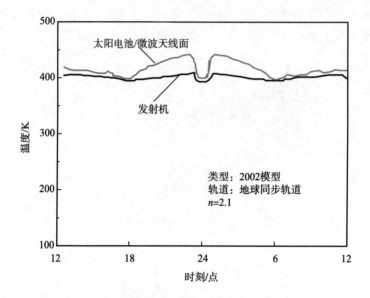

图 D—13　2002 参考模型在地球同步轨道上的温度变化图

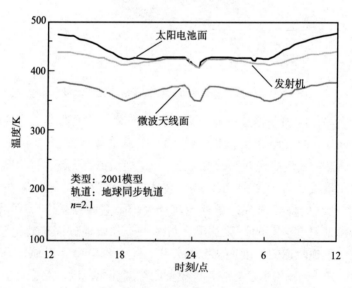

图 D—14　2001 参考模型在地球同步轨道上的温度变化

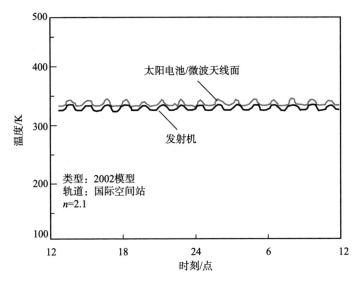

图 D—15 2002参考模型在国际空间站轨道上的温度变化

表 D—3 参考模型的热比较

轨道	2002 参考模型		2001 参考模型
	国际空间站（近地轨道）	地球同步轨道	地球同步轨道
发射机	390 ～ 405 K	390 ～ 408 K	424 ～450 K
太阳电池/微波天线面	396 ～ 418 K	396 ～ 445 K	—
太阳电池面	—	—	424 ～ 480 K
微波天线面	—	—	356 ～ 395 K

D. 4. 3 能量转化模块的温度

D. 4. 3. 1 太阳能发电器件的温度（太阳能电池板）

首先，计算太阳光直接照射到太阳能电池板表面的温度，计算结果如图 D—16 所示。横轴表示入射能量，纵轴表示温度。可以看出，如果聚光率达到 4 倍，表面温度将剧增到 100℃ 以上，问题就会随之产生。在这种温度条件下，太阳能电池发电效率会降低，结构温度也会超出 100℃ 的限定范围。要工作在这一限定范围外，需要重新进行系统设计。背面的热辐射对于整个系统的热稳定起到的作用很小。单从热控的角度考虑，采用聚光形式（聚光率大于1）是可行的。

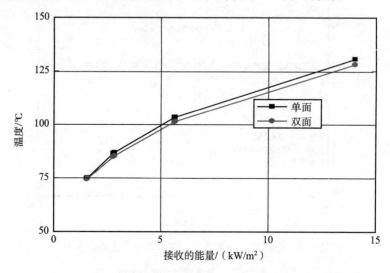

图 D—16　受太阳聚光率影响的太阳能电池模块的温度

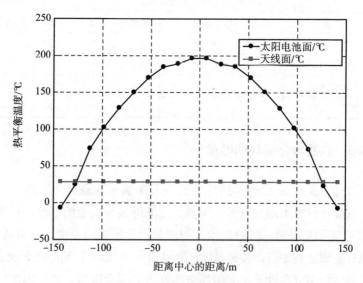

图 D—17　太阳能电池面的热平衡分布

　　太阳能电池的温度计算结果如图 D—17 所示。从中可以看出，在最坏情况下，太阳能电池的内部温度会增加到 200℃。因此，如果太阳光在太阳能电池板上呈高斯分布，就需要采用复杂的热控方案来解决实际工作情况下出现的内部高温问题。

D. 4. 4　减少太阳能电池上的热负荷

D. 4. 4. 1　阻挡红外辐射

　　热控方法之一是通过有效的反射或使用滤光镜阻挡红外辐射，分析结果见表 D—4。

表 D—4　能量吸收饱和率和黑体能量饱和率 （截止波长 0. 78 μm）

波长/μm	a-Si：H	μc-Si：H	c-Si	黑体
0. 7750	0. 9960	0. 9018	0. 8280	0. 5275

　　太阳光谱中 0. 78 μm 波长以外的辐射能量能够被吸收 47%。晶体硅电池在 1. 24 μm 波长达到饱和，因此有望将红外吸收率减至 18%。但是非晶硅太阳能电池在全波长上产生的电流是最低的，微晶硅电池和晶体硅电池的发电效率分别约为非晶硅电池的 1. 2 倍和 1. 5 倍。

　　有两种具有前景的方式：一种方法是采用晶体硅电池，可以减少 20% 不需要的热量，另一种方法是采用非晶硅电池，可以减少 50% 不需要的热量。

D. 4. 4. 2　波长选择

　　波长选择概念如图 D—18 所示。由于不需要的辐射都被反射，因此不会到达太阳能电池。这样，太阳能电池就可以在更低的温度下更高效地工作。

　　下面考虑太阳能电池面使用光谱选择方法的情况。图 D—19 中包括了三种电池类型：类型 1、类型 2 和类型 3 分别代表 Si：H、CdTe 和 CIS 电池。在这项研究中，考虑了太阳发电器件的量子效率高于 0. 5 的方法。假定每种电池的发电效率都是 15% （太阳光），并且在有效范围内保持恒定。

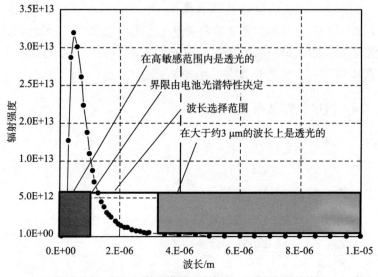

图 D－18　太阳和太阳能电池之间的一组滤光器的影响

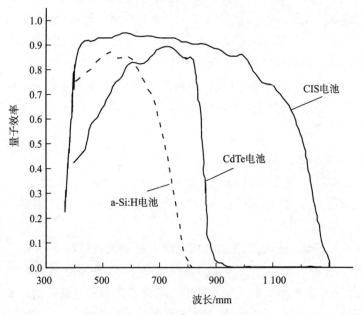

图 D－19　太阳能电池的光谱敏感性

对于每一种电池类型，在不同太阳聚光率情况下产生的热量见图 D—20，每一种类型都能减小产生的热量。类型 1 对应的结果表现得特别有效，与没有光谱选择的情况比较，类型 1 对应的排散热量减小到 32%；对于类型 3，排散热量仅减小到 60%。假设当太阳聚光系数是 1，没有任何滤光膜时，其所产生的热量约为 1 kW/m²；而对于类型 1，所产生的热量约为 0.32 kW/m²；对于类型 3，所产生的热量约为 0.60 kW/m²。

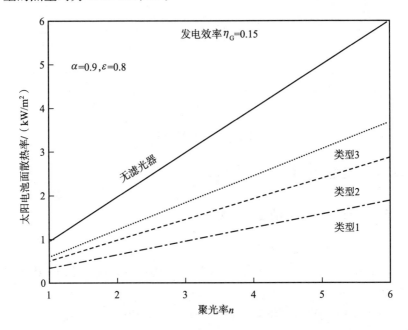

图 D—20　太阳聚光率与散热率的关系（使用滤光器）

研究表明，采用波长选择的情况下，类型 1 能够排散 6 倍聚光时产生的热量。如果不采用波长选择方法，只能排散 2 倍聚光所产生的热量。

通过对某一轨道条件进行简化计算，计算结果如图 D—21 所示。当聚光率为 1 且不需要的辐射被抑制 60% 时，温度可控制在 100℃以内。因此对于类型 1 和类型 2 来说，即使不采取特殊热控措施，也有可能将温度保持在 100℃以下。

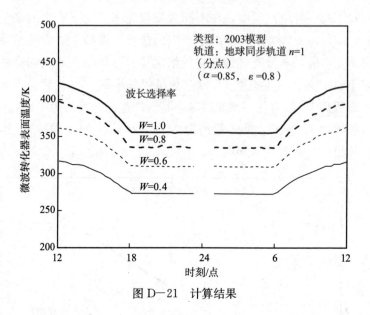

图 D—21　计算结果

D. 5　SPS 的微波能量传输

D. 5. 1　与 SPS 相关的主要参数

（1）SPS 系统参数

表 D—5 给出如下两种 SPS 模型对应的天线单元的功率密度参数。

1）地球同步轨道位置，频率 5.8 GHz，功率 1 GW。

2）NASA 参考系统，2.45 GHz，功率 5 GW。

对于 NASA 参考系统，每个天线单元需要处理最大为 185 W 的微波功率。而对于 5.8 GHz 系统，每个天线单元处理的功率范围为 1～6 W。

表 D—5　单个天线单元的功率输出[16]

频率/GHz	5.8	5.8	2.45
传输天线的直径/km	2.6	1	1
振幅衰减激励/dB 高斯	10	10	10

续表

输出功率（到地面）/GW	1.3		1.3		6.72	
最大功率密度/（mW/cm²）	63		420		2 200	
最小功率密度/（mW/cm²）	6.3		42		220	
天线间距/λ	0.75		0.75		0.75	
每个天线单元功率/W	最大0.95（35.4亿个）		最大6.1（5.4亿个）		最大185（9 700万个）	
单元	800 W磁控管	固态放大器	800 W磁控管	固态放大器	800 W磁控管	固态放大器
最大功率部分	840个区	1 W②	130个区	6 W②	4个区	200 W①
最小功率部分	8 400个区	0.1 W②	1 300个区	0.6 W②	43个区	20 W

注：①为功率组合放大器；②为单级放大器。

（2）SPS 发射机的质量计算

表 D-6 对于 1 km 和 2.6 km 直径天线，给出了电子管技术和半导体技术的系统质量对比（在 5.8 GHz 下的 1 GW 系统）。对于采用电子管技术，如果发射机的质量可以减小到 1/10，那么 1 km 天线的质量大约为 8 400 t；对于采用半导体技术，如果发射机的质量可以减小到 1/10，那么 1 km 天线的质量约为 1 3000 t。如果天线和移相硬件的质量可以降低 1 倍，那么 2.6 km 直径 SPS 系统的质量约为 25 000 t。总之，为了实现 SPS，必须进行较大的减重，硬件（天线、微波放大器等）的质量必须减少到当前水平的 1/10。对于半导体技术，需要进行更多的电路集成。

表 D-6 SPS 质量参数[16]

	电子管发射机	半导体发射机
主要单元功率比质量 g/W	20～50	50～60
对应 1.3 GW SPS 输出功率的发射机质量/kt	26～65	65～78
功率分配，移相器的质量	基本与发射机持平	基本与天线持平
1 km 天线（3 kg/m²）质量/t	约 2 400	
2.6 km 天线（3 kg/m²）质量/t	约 16 000	
结构部分	约占 SPS 总质量的 10%（1992 年日本模型）	
1.3 GW SPS 的 1 km 微波发射系统质量/kt	大于 60	大于 76
1.3 GW SPS 的 2.6 km 微波发射系统质量/kt	大于 75	大于 106

D.5.2　微波发生器

D.5.2.1　功率产生器件与电路

许多先进的固态器件在近期已得到开发和改进，例如，宽禁带器件（如 GaN）具有非常大的输出功率，尤其是在微波频率相对较低的 2.4 GHz 和 5.8 GHz。不仅对于这些器件，对许多其他应用，也都要求具有较好的线性特性和效率。从 SPS 对于微波器件极大需求量的生产角度来看，由于 III－V 族化合物不够丰富且成本更高，基于 III－V 族的器件缺点要高于基于 Si 的器件。相关的电路技术，如高效放大器技术，需要在保持线性特性的基础上进行改进，这对于常规的通信和雷达应用来说是一个挑战，而对于 SPS 应用则成为主要问题。由于总功率极大，为减少在空间产生的热量，需要降低功率损耗。功率合成方案也得到了研究。尽管如此，到目前为止，还没有 MPT 已经能够实现令人信服的实际结果。

寻找可替代的解决方案（如真空管技术）非常重要，并要时刻关注效率、线性和可靠性问题。

D.5.2.2　微波发射机比较

（1）微波真空管发射机

对于 SPS 来说，微波辐射产生技术是一个极其重要的研究主题。微波能量传输经常使用 ISM 频段的 2.45 GHz 和 5.8 GHz。一般包括 5 种微波产生的方法：磁控管、速调管、行波管、场效应晶体管半导体，以及上述技术的组合使用。从表 D－7 可以看出，目前的器件可以高效地将直流电转换为射频。

表 D－7　电子管的特性[16]

电子管	相控磁控管	TWT 放大器	速调管放大器	MPM
效率	主单元 75% 相控 60%	波束重获型 60% ～ 67%	主单元最高 76%	50%

续表

电子管	相控磁控管	TWT 放大器	速调管放大器	MPM
输出/W	$n\times(10^2\sim10^3)$（n 为个位数）	$n\times10^2$（n 为个位数）	$10^2\sim n\times10^7$（n 为个位数）	180
质量 g/W（包括供电设备）	45（2.45 GHz）20～30（5.8 GHz）	20	40～100	6.4
谐波	二阶：－55 dBc三阶：－80 dBc四阶：－70 dBc五阶：－75 dBc六阶：－70 dBc（实际测量值）	小于－70 dBc	小于－70 dBc	
备注	电流控制反馈	已有空间应用的记录		C 波段

1）相控磁控管

磁控管被广泛用于微波炉，是一种制造相对便宜的振荡器。它可以通过稳定直流驱动。其频率控制已经得到了改进[14]，相位控制也变得可能[15]。京都大学目前正在开发一种相控磁控管，该磁控管模块包括 5 个部分：

a. 高压电源；

b. 波导环行器；

c. 波导定向耦合器；

d. 单板计算机；

e. 底架。

使用这个模块能够实现 45 g/W 的重量功率比。相控磁控管的缺点是没有在空间应用的经历。另外，当其在空间使用时可能需要冷却系统。制造用于微波炉磁控管的国家主要为日本和韩国，其中，日本占有 45％的市场，韩国占有 55％的市场。这意味着除了这两个国家，世界上几乎没有其他国家拥有大规模制造磁控管的经验。全世界已生产出的微波炉磁控管总数已经达到 4 550 万，假设平均每个磁控管的功率为 1 kW，全世界磁控管的总功率就达到 45.5 GW。这样的制造经验足可以用于大规模地为 SPS 制造磁控管。

2）行波管

行波管是一种高增益微波放大器，被广泛用于电视广播卫星和通信卫星上，具有可靠的空间运行记录。在 SPS 上应用行波管的缺点是其直流—射频转换效率较低。在 1980 年，它还不是 SPS 重点考虑的对象。然而近年来，相关研究表明，系统可以利用"损失"的能量，这样，其净转换效率可以从 60% 增加到 67%[17,18]。空间使用过的行波管指标为 2.45 GHz、150W 和 3 kg（行波管重 1 kg，电源重 2 kg），因此，质量功率比能够达到 20 g/W。

3）速调管

速调管能够产生很高的功率（从数十千瓦到几兆瓦），然而它需要的供电设备却较为沉重（需要一个较重的磁铁）。

在 2.45 GHz 频段，商用速调管能够产生 80 kW 的微波功率，但非常重，速调管质量为 100 kg，供电设备质量达到 8 000 kg，还需要考虑磁体的质量，其质量功率比为 100 g/W。在 C 波段，商用化的速调管可以产生 3.2 kW 的微波功率，但需要 34 kg 的装置（永磁铁）和 135 kg 的供电设备，质量功率比能够实现 40 g/W。从质量功率比的角度看，速调管决不逊于磁控管和半导体设备。可以推测 1980 年的 SSP 参考模型之所以选择速调管，是因为其较高的转换效率（如单独考虑器件可达到 76%）、低的谐波发射和适合的质量。速调管经常被用于上行链路（地面站向在轨卫星）。

由于行波管和速调管的生产数据不公开，无法得出一般性结论。从国际竞争力角度看，由于这些器件主要在日本和西方国家生产，因此，日本的作用不容忽视。

4）微波功率模块

微波功率模块集成了行波管、半导体放大器和最新供电技术的主要优点。因为具有高的转换效率、较小的尺寸和质量，因此，MPM 是一个很好的空间应用选择对象。C 波段（4～8 GHz）的

MPM 模块已有现货供应[19]。

　　然而，电子管需要某种移相器。与半导体器件相比，电子器件可以产生更大的功率（几百瓦）。将这些功率输送给天线以及相关部分，需要发展移相器，对大功率（几十瓦或几百瓦输出）进行分配变得必要。如果这个环节把握不好，就会损失大量的功率，这是目前面临的一个问题。见图 D—22。

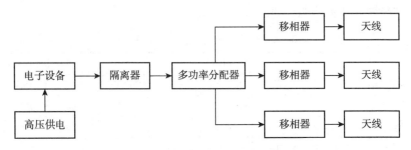

图 D—22　采用电子管的微波能量传输系统

　　由于能量损失，大功率移相器还是一个问题。它必须具有低损耗，即具有耗费极少的电能、质量轻以及较低的制造成本特点。这里，需要解释什么是"耗费极少的电能"。要接通一个 PIN 二极管，必须消耗一些电流以避免较大的损耗，所以，在数字移相器上接通 PIN 二极管需要消耗能量。在通信行业，微波能量损耗一般不被认为是一个问题。然而在电力行业，能量损耗就是不可以被忽视的问题。为了减少损失、提高低效，应该开展更多的研究。

　　（2）半导体微波发射机

　　表 D　0 给出不同发射机的指标。通常将 2～4 GHz 之间的谱段称为"S 波段"。通过对一些事例进行分析可以看出[20,21]，在所有事例中，半导体发射机的质量较轻，但更进一步的研究表明，如果考虑实际传输给天线的微波功率，其质量就非常重了。最大的问题是半导体发射机的能量转换效率低。采用微波单片集成电路器件可以得到更轻的发射机，但这些器件存在着散热及其他一些技术难题。在下述的 MMIC 例子中（10 W，参阅表 D—8），发射机非常轻

（74. 4 g），但它的效率也非常低（只有 16％）。已有报道称，采用 SOI（绝缘体表层硅）FET 能够实现低功率、高效率。在 2 GHz 可以得到 0.1 W 的输出功率，得到 18 dB 的增益和大于 60％ 的效率[22]，并且供电仅需 3 V。此外，可能实现 54％ 的功率附加效率，在 5. 8 GHz 频段实现 60％ 的效率[23]，问题是增益比较低（9～12 dB）。即使单个器件的性能似乎更好、更具有吸引力，40％ 是使用现有半导体技术所能预期的最好效率。

表 D−8　　半导体无线电发射机的指标[20,21]

卫星名称	空间应用					地面应用	
	ETS−6	TDRSS	NSTAR	TNT−7	JCSAT−3	MMIC	MMIC
效率/％	31	32	36	29	40	16	22
输出/W	14	24	40	30	34	10	2
质量	1. 2 kg＝ 85 g/W	3. 4 kg＝ 121 g/W	2. 5 kg＝ 63 g/W	1. 7 kg＝ 57 g/W	1. 9 kg＝ 56 g/W	74. 4 g＝ 7 g/W	112 g＝ 51 g/W
频率/GHz	2. 5	2	2. 5	4	4	S 波段	S 波段

（3）未来前景——更有效的微波发射机

电子管的直流—射频转换效率已达 65％～75％，相比于半导体方式，很难再获得进一步的提升。然而，可以预期在未来 10 年，磁控管（用于微波炉）和行波管器件有可能实现更高的效率。经过进一步的研究表明，效率提高 5％ 以上是能够实现的。当前半导体技术的最高效率是 40％（直流—射频转换效率），根据目前的趋势，大幅度提高是不太可能的。通过放大器重构能够提高总效率，也有望在 SiC 和 GaN 技术方面取得重要突破（高输出、低质量）。见图 D−23。

D. 5. 3　微波天线

如上所述，传输微波能量的天线设计随发射机的不同而不同。这里主要关注天线，且不考虑移相器（相移调整本身就是一个很大的研究主题）。下面给出几个事例。

（1）SPS2000[24] 采用带有凹槽的槽缝天线，频率 2.45 GHz、厚

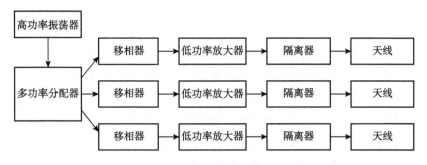

图 D-23　使用半导体的微波能量传输系统[16]

3.7 cm、面密度目标为 6.72 kg/m² 。

（2）1992 年日本模型[25]。假设该天线（2.45 GHz，带有反射镜的偶极天线）有很大的性能提高，预期天线单元质量从 20 g 降到 10 g。这一系统（框架加上散热片）由 64 个单元组成，其尺寸和质量分别为 48 cm×48 cm×1 mm×2.69 g/cc ＝ 620 g。这样，能够实现面密度为 5.5 kg/m² 。

假设在 5.8 GHz 频段也具有很好的性能，天线单元的间隔为 0.75λ＝3.8 cm，具有同样的散热器尺寸和密度，并且包括 160 个天线单元，那么采用这种设计方法就能够实现面密度指标 9.6 kg/m² 。

（3）对于 Ka 波段天线，NASDA 已经达到面密度指标 2.8 g/m² 。其主要技术特点是包括 12 个单元（不供电），双层，一个贴片天线、大小为 5×5 cm，采用 ε_r ＝5 的玻璃陶瓷，质量为 7 g。

D.5.4　波束控制

D.5.4.1　干扰抑制

波束控制包括非常丰富的研究内容。由于如下原因，良好的波束控制是必要的，包括：

（1）要将能量尽可能多地传输到地球（减少能量损失）；

（2）要限制不需要的辐射，避免现有的通信系统受到不利的影响。

　　对于 1980 年参考系统，微波辐射对生物系统可能的损害引起了许多关注。设计将波束中心的辐射强度限制在 23 mW/cm² 内，并且将人或动物有可能闯入的微波整流天线阵的外围辐射强度限制在 1 mW/cm² 范围内。有关 SPS 谐频对现有通信系统的影响，存在很多争论（与关于波束形状的争论稍有不同）。然而过去 20 年间，这些争论也因为 ISM 波段频率的大量应用而快速改变。由于现在使用的射电频谱与过去不同，因此应当对全系统进行重新评估。图 D－24所示的是 5.8 GHz SPS（36 000 km 高度，天线尺寸 2.6 km，10 dB的高斯锥形）波束图的谱分量与距离的关系。它显示的是一个子阵列系统波束偏离 0.016°（对应地面上的 10 km）的情形，间隔为1.5 m或 29 个波长。该图表明 SPS 的子阵列结构存在严重的问题，每隔 1 242 km 就存在栅瓣。由于这些多余的栅瓣会干扰通信系统，因此，即使使用反射系统迅速和准确地对波束偏移做出响应，这种结构也是不理想的。

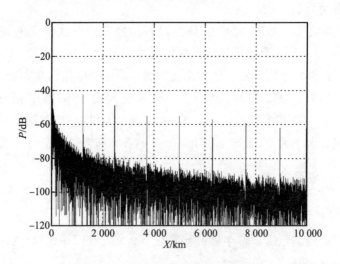

图 D－24　波束偏离 0.016°的波束图形

　　固定天线发射波束方向（没有电子转向器）意味着发射天线的方向必须受到精确控制，而且 SPS 在空间也要控制在最佳位置。结

论就是微波波束的中心将严格限制在微波整流天线阵接收区中心的
0.016°偏差范围内。这应当被定为 SPS 的一项运行要求。即使对波
束采取不同的限制，栅瓣（图 D－24 中极为突出的那部分）仍然是
一个问题。因此，子阵列设计方法面临着严重的问题，除非能够设
计出一个（机械的）高性能波束控制系统并通过测试。

　　图 D－25 所示的是距离主波束中心 10 km 半径范围内的功率
密度与天线振幅衰减的关系。如果 SPS 工作在 ISM 频谱范围，与
其他地面应用（包括日本的 ETC 系统、无线局域网等）的潜在干
涉就是一个难以避免的问题。因此，假定 SPS 必须与其他微波系
统共享频率，那么 SPS 必须大幅减少超出微波整流天线阵范围之
外的辐射，这就使得 SPS 的天线设计更为复杂。如果需要频率共
用，那么必然需要更多关于微波整流天线阵范围之外能够允许多
少 SPS 辐射的研究和讨论。可以明确的是，这个辐射不可能被减
少为零。

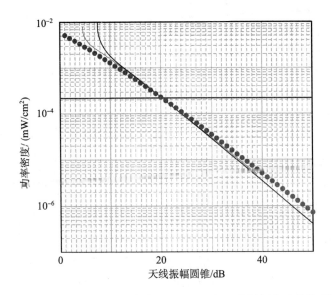

图 D－25　功率密度（距波束中心 10 km）与天线振幅衰减的关系[16]

D.5.4.2　扫描损耗

虽然通过发射阵列可以将波束控制在任何方向，在实际应用中，为了减小调整损耗，扫描角的范围是受到限制的。如果这个角度大于根据单元间距计算出来的特定角度，就会出现栅瓣。这就意味着，由于向不希望的方向传输相当的能量，产生了较大的损耗。即使是较小的扫描角，也会因为与扫描角 θ 有关的互耦变化，引起的阻抗失配而在天线处发生反射。扫描角与电压反射系数 Γ 之间的关系如图 $D-26$ 所示[26]。输入功率中只有一部分（$1-\Gamma^2$）被传输到天线，Γ^2 为反射损耗。另外，当波束按 θ 角范围进行扫描时，辐射图就偏离了天线垂直方向。这种扫描损耗近似与（$1/\cos\theta$）相关。综合考虑这两个因素，就能够使用典型的扫描损耗曲线[27]，假定扫描损耗为（$1/\cos\theta$）^{n}，其中，$n=3/2$ 或 2。见图 $D-27$。

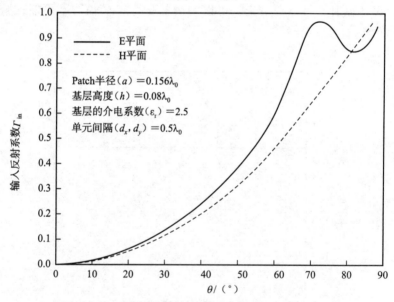

图 $D-26$　微波传输块无限阵列中的典型输入

反射系数值与 E 平面和 H 平面上扫描角的关系

（感谢 J. T. Aberte 和 F. Zavosh）[26]

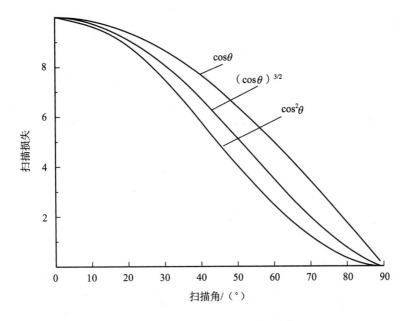

图 D—27　典型的扫描损耗曲线[27]

D.6　整流天线与地面段

D.6.1　微波接收器（整流天线）

　　整流天线的主要作用是接收来自于地球轨道太阳能发电卫星的微波能量，并将其转换为直流。整流天线一般包括射频天线、低通滤波器（阻止再发射）和整流器（二极管电路）。

　　这几部分都反映在图 D—28 中，图中给出了多种整流天线方案，一些方案的转换效率可以达到 70%。然而，实际的转换效率还取决于多种因素，包括微波输入能量功率密度。一般的微波转换效率随着微波能量输入功率密度的增大而提高。但输入功率密度不能过高，也会引起转换效率的下降，需要开展大量的研究工作以寻找适当的平衡点。由于微波波束中心区域辐射强度最强，而边缘最弱，必然需要进行一些折中。此外，要具有商业竞争力，整流天线必须是经济可靠的，能够工作数年、以低成本制造和安装、并在整个寿命期内实现低成本维护。最后还有一点，整流天线必须面向于未来的应用，其设计必须考虑到未来可能存在的问题。如果将来整流天线的处理和回收成为重要问题，那么整流天线的设计必须满足这些要求和需求。需要牢记的一个重要的原则就是整流天线必须满足现在的和未来的需求。

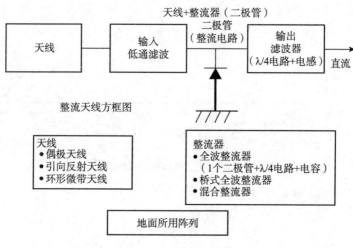

图 D—28　整流天线构成[12]

D. 6. 2　天线组件

由于天线不能看作是一个分离的部分，在微波能量接收站中采用了整流天线（Rectenna）这一术语。天线的设计将对整流器产生影响，反之亦然，这可以看作一个常规的阻抗匹配问题（实现天线与整流器的匹配），需要考虑以下因素：

（1）两者的尺寸；

（2）两者的形状；

（3）波束范围；

（4）增益；

（5）电压驻波比；

（6）特征阻抗。

为了更好的实现功率从天线到整流器的传输，必须尽量减小电压驻波比（VSWR），反射会引起许多问题。目前已经研究了多种类型的天线，包括偶极天线、单极天线、微带天线、印刷偶极子天线以及抛物面天线。近期提出了许多极具创意的大型整流天线（直径为数千米）的安装方法，如大型整流天线可以安装在森林或海面区域。在这些情况下，除了考虑电方面的因素之外，研制人员还需要考虑机械、透光、风和其他因素。

整流天线总面积的确定需要仔细考虑以下因素：

（1）进行整流的微波功率大小；

（2）入射微波功率密度；

（3）天线增益。

应该注意到，如果入射功率过高或者过低，整流天线效率就会降低。迄今为止，已研制出从数 mW/cm^2 到数 W/cm^2 的整流器——取决于整流天线的构型。该功率范围已成为最合适的或最佳的取值。对于 NASDA 研究的整流天线，中心区域微波辐射功率密度为 $160\ mW/cm^2$。在 $5.8\ GHz$ 频率，两类整流天线的尺寸数据如下：

（1）偶极天线（带反射器），约 $6.7\ cm^2$（$=\lambda^2/4$）；

（2）微带天线，约 $15\ cm^2$（$=(0.75\lambda)^2$）。

在这种条件下，微波辐射功率为 $160\ mW/cm^2 \times 6.7\ cm^2$ 或 $15\ cm^2 = 1.1\ W$ 或 $2.4\ W$。从整流器角度看，这一功率是相当高的。在此情况下，对天线而言，低增益更好。相反，接收天线边缘的接收功率低于 $1\ mW/cm^2$，又必须采用具有高增益的天线。可以得到如下结论：

（1）对于偶极天线（带反射器），整流器设计功率应低于 $6.7\ mW/cm^2$；

（2）对微带天线而言，整流器设计功率需低于 $15\ mW/cm^2$。

D.6.3　整流电路

正如整流天线存在多种类型，整流电路也有多种。常用的整流器包括：

(1) 一个二极管＋1/4 波长电路；

(2) 带电容的全波电路；

(3) 全波桥式整流器；

(4) 栅格整流电路。

另外，当与功率分配器进行组合时，还存在多种可能的组合和设计方式。二极管是整流天线中整流电路的关键部件。微波—直流转换效率主要取决于：

(1) 输入微波强度（二极管边）；

(2) 输出端负载（二极管边）。

性能也会随着整流器电路结构的改变而发生变化，但最重要的参数包括：

(1) 直流阻值；

(2) 杂散电容；

(3) 开启电压；

(4) 击穿电压。

到目前为止，整流天线一般都采用肖特基势垒二极管，不仅因为其微波特性，还因为其瞬时启动电压约 0.1～0.3 V，远远低于其他二极管。不同类型的二极管具有不同的击穿电压，击穿电压介于 10～30 V 之间的二极管正变得可行。

整流天线的研究主要包括两大主题。首先，继续深入研究弱功率微波非常重要，如试验电力卫星和 IC 识别所采用的微波类型，弱功率意味着为微瓦级。这种整流天线需要以某种方式与天线进行集成，如有可能，应该研发一种新型二极管，整流器设计也应该采用新的设计方法。其次，应该更为深入的研究整流天线到电网的连接方式。整流天线必须以串联或并联方式进行连接。根据日本京都大学的研究，当整流器接入电网时，功率转换效率会降低百分之几到10%。此外，研究还发现，当电压升高时，串联方式效果不如并联方式。

D.6.4　微波接收概述

目前所设计的 SPS 系统都不太适合类似于日本这样的国家，因为可供如此大型工程使用的土地很少。如果采用 5.8 GHz 微波，假设发射天线直径约 2.6 km，那么接收天线直径约 2 km。当波束从地球同步轨道传输过来，其波束强度在中心可保持在 159.6 mW/cm^2，而外围只有 1 mW/cm^2（近期，这一指标改进为中心区域波束强度约 100 mW/cm^2）。如果整流天线单元可缩至 0.75λ（＝3.9 cm），地面天线系统的直径将达到 2 km，包括 5 亿个单元。若每个单元的典型输出为 1 W、10 V、0.1 A，要达到 1 000 000 V，地面将需要将10 万个单元串联成一个电路，并需要 1 万个这样的电路并联。如前面天线部分所述，天线中心和边缘所接收的功率密度差超过两个数量级，因此，并不是所有的天线单元都能达到 1 W、10 V、0.1 A的指标，因此，实际单元数量并不等于所连接的单元数量。

为了将 SPS 发射功率的 90% 以上传输到整流天线，必须采用高精度的波束控制，还需要建立从整流天线中心到 SPS 的控制波束。为了利用导向波束的相关信息，SPS 必须进行波束成形，这种方法称为"反向导引"。在通信领域，采用反向导引方式时，下行链路和上行链路通常使用同一个频段。然而，SPS 下行链路的功率介于 $10^6 \sim 10^7$ kW 之间，高出通信领域的信号功率 5～6 个数量级。如果使用同一频段，会存在一些问题。对于典型的 SPS 系统，具体参数见表 D—9。

表 D—9　SPS 反向系统典型参数[28]

SPS 参数	
SPS 轨道	地球同步轨道，高度 36 000 km
频率	5.8 GHz
天线直径	2 580 m
传送到地面的功率（总功率/单组件功率）	1 340 MW/0.175 W（22.4 dBm）
地面站参数	
导向信号功率（Pt）	1 kW（60 dBm）
Ant. 增益 Gt（$D=10\ m$，$\eta=0.7$）	54 dBi
EIRP	114 dBm
自由空间衰减（36 000 km）	199 dB
大气衰减	1 dB
SPS 发射天线组件增益 Gr（圆形微带天线）	6 dBi
SPS 发射天线组件增益接收功率（Pr）	−80 dBm
接收功率差	102.4 dB

　　另外，由于功率相差太大（超过 100 dB），而且还存在上行链路、下行链路信号间距离增加带来的一些问题，需要考虑采用不同的频段。日本京都大学已经采用带有导引信号的扩展频谱技术进行了试验，试验结果表明这种方法很有希望。有关导引信号的问题还需要进一步讨论。无论如何，对于远在地球同步轨道的 SPS 而言，导引信号天线应当类似于一个 10 m 直径的抛物面天线（位于整流天线中心位置）。从逻辑上讲，反向导引信号应当从 SPS 发射至整流天线的中心点，在此位置信号被反射回来。导引天线（10 m 直径的抛物面天线）必须位于整流天线的中心位置，将占据大量的空间，并带来较大的功率损失，大约为 120 kW（160 mW/cm² × 10 mφ）功率。对一个 1 GW 的系统而言，这代表 0.01% 的损失，在经济上可以接受。更多的困难在于工程问题：导引天线向 SPS 发射功率，而反方向是来自于 SPS 的微波辐射，约 84 kW（120 kW×0.7），这将损坏导引系统。需要进一步的讨论来改进这一情况。一个可能的方式是偏移下行波束方向，以使其中心不在整流天线的中心位置，从而使导引系统尽量少的接收来自于 SPS 的辐射能量。

D. 6. 5　整流天线研究的近期发展趋势

与无所不在的电源（UPS）最类似的系统为 RF－ID。RF－ID 基于一块芯片，该芯片携带可通过无线电波读取的信息。RF－ID 最常见的应用就是识别系统。在标准化体制和研究中，RF－ID 也被称为"IC 标签"，并受到了全球关注。整流天线技术也可用于 RF－ID 的整流，见表 D－10。

表 D－10　RF－ID 和频率[29]

频率	120～150 kHz	13. 56 MHz	915 MHz	2. 45 GHz
模式	电磁感应	电磁感应	微波	微波
距离	～50 cm	～1 m	～5 m	～1 m
成本	一般	好	非常好	极好
应用	麻醉器牲畜管理	IC 卡（如 SUICA）行李管理		μ 芯片

RF－ID 仍处于发展阶段，目前，大多数 RF－ID 的研究集中在 915 MHz 频段。如果必须进行能量交换，微波将是最好的方式。目前的研究主要关注通信需求。日立公司已经提出工作在 2. 45 GHz 频率的微型芯片，这是一个超小型的 RF－ID 芯片，其尺寸为0. 4 mm×0. 4 mm×0. 06 mm，目前，研究人员正在对 μ 芯片进行研究，使其能够插入纸片中。μ 芯片的整流天线部分见图 D－29 和图 D－30。

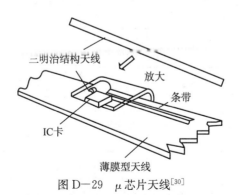

图 D－29　μ 芯片天线[30]

　　由于只有低功率的微波可以到达在轨试验发电卫星，研究人员正在研制高效、低功率的整流天线。通信研究实研室（CRL）已经公开了一些有关试验发电卫星低功率整流天线的研究结果[31]。在这些文献中，可以发现高效低功率微波输入的整流器，见图 D－31，主要通过增大天线尺寸（如图 D－32 所示的抛物面天线），从而提高输入到整流电路的微波功率。采用此方法，可以在相对较低功率的输入情况下实现高效率。

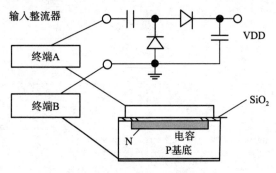

图 D－30　μ 芯片整流器[30]

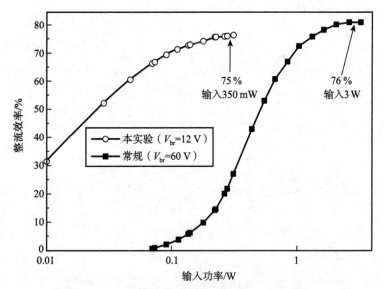

图 D－31　提高低功率微波输入情况下的整流器效率

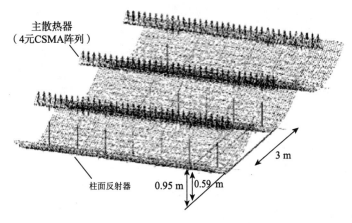

主散热器
（4元CSMA阵列）

柱面反射器   0.95 m   0.59 m   3 m

图 D−32 增大口径以提高整流器效率

D. 6. 6 整流天线商业化相关问题

针对整流天线的商业化应用问题，已进行了越来越多的讨论，但商业应用受到下面一些问题的阻碍：

（1）微波吸收

1）整流天线变潮湿（盐雾、雨水等）的情况下，某些性能会降低。

2）多种外部因素可以对整流天线性能造成负面影响，如污垢、粒子、动物巢穴、雪、霜等，这些问题都发生在室外情况。

3）要避免上述问题，就需要使用保护罩，而这些保护罩又会对整流天线的无线电特性造成负面影响，而且必须考虑经济因素。

（2）SPS 作为一种能源的稳定性

由于整流器的输出源自于所接收的微波辐射，所以其输出存在由于接收的微波辐射变化而导致中断的可能。要实现商业上可行，整流天线必须满足特定的条件（电压和功率）。

（3）微波反射

从空间传输的微波能量到达整流天线有可能被反射回来，从而对其他电子系统造成严重的干扰，甚至会导致整流天线系统发生故障。

通常当设备使用同一频率或二次反射发生的情况下会出现这种问题。这些不需要的反射微波可以利用滤波器进行抑制，问题是目前的滤波器成本太高。可能的话，整流天线的设计应该避免使用昂贵的滤波器。

D. 6. 7　地面电网

一般假设一个商业上可行的 SPS 必须达到 1 000 MW 的级别。SPS 不是小系统（如风力发电和潮汐发电），它将提供大量的电力，同时对国家电网作出重大贡献。

虽然 SPS 的输出为直流电，但连接到电网的技术是成熟的。热力发电和核能发电由于必需首先驱动涡轮发电机，因此其输出都是交流电（应当注意到：SPS 地面站没有任何活动部件，这可以降低维护成本）。

（1）稳定状态影响评估

如上所述，SPS 没有任何活动部件。我们认为由于 SPS 是一个稳定状态系统，所以 SPS 连接到国家电网不存在任何问题（经济上和技术上）。SPS 的输出也是可预知的。此外，作为一个 GW 级电站，与核电站或大型水力发电站类似，因此主要的电网连接问题都相同。SPS 类似于核电站，可为电网提供基础电力，而不是为满足波动电力需求（日常性的、季节性的或其他的）而设计的。SPS 具有一些停止供电时间（由于阴影引起的季节性中断），但这种情况可以采用备份热系统予以补偿。

（2）与 SPS 有关的突发事件或故障影响评估

假设 SPS 是一个被纳入国家电网（电力产生和电力分配系统）的能源系统，成为联网系统，突发事件可以发生在 SPS 一方或电网一方。

显然，大型电力系统（如 SPS）对电力公司而言并不是什么新事物。电网的设计考虑了 SPS 在突然出现故障的情况下，如何弥补电力不足。例如，可以增大水电站电力输出（如释放更多的库存水），以弥补临时性的电力不足。在一些情况中，整流天线的输出功率可能下降，然而，直流功率转化器可能在大部分情况下（在整流天线输出功率下降定义范围内的）都可以处理这些问题。如果输出功率下降过大，输出就可能停止。如果将其连接到一个大型的国家电网，电网可以处理电力不足的情况，但如果电网一方发生突发事件，整流天线（对电网而言相当于电源）就会存在潜在问题。电网可能遭受雷暴袭击，但故障持续时间可能非常短，以至于 SPS 可以应付这些对于电网的袭击。但是，一旦其他电源出现故障，导致输出连续数小时或数天失效，那么 SPS 就很难应付这种突发事件，对此问题需要进一步仔细研究。

总之，将一个 1 000 MW 级的 SPS 地面站接入电网不会引起任何严重问题，任何问题都可以采用现有的技术予以解决，但对个别问题需要进行更为准确的研究。

D. 7　SPS 的经济性

对 SPS 经济性的评估是基于 JAXA2003 模型。

D. 7. 1　SPS 成本模型

（1）03M 成本模型的建立及其结构

建立 03M 成本模型的目的，是为了方便地计算分析 SPS 的部署和运行成本。模型主要考虑了几方面，包括空间段成本、地面段（整流天线）成本、发射成本和维护成本。

1）空间段成本

空间段成本主要考虑 2003 模型的空间段部分的制造成本，分析模型主要包括 4 个主要部分：主镜、次镜、能量转化组件（包括太阳帆板和微波功率发射机）以及所有上述部件的支撑结构。

能量转化组件包括太阳光—直流转化器、直流—微波发射机以及支持系统。一旦给出单位面积的成本和所需要的总面积，就可以方便计算出太阳光—直流转化器的生产成本。采用同样的方法也可以计算出微波功率发射机的生产成本。这种计算方法可行，可以很好的得到成本。

2）地面段（整流天线）成本

与整流天线构建相关的成本可以分为几个部分：微波接收部分、支持结构以及连接到地面电网。

微波—直流转化器的生产成本可以通过单位功率成本（如1美元/瓦）乘以所需要的功率（如1 000 MW）进行计算。根据功率需求就可以确定整流天线的面积，之后可以计算出对应面积的相关成本（土地、建造成本等）。所以，一旦功率需求得到确定，多方面的成本就可以确定。

3）发射成本

发射成本包括两部分：可重复使用运载器（RLV）成本X和轨道转移飞行器（OTV）成本Y，则总发射费用为X与Y之和。

可重复使用运载器用于将材料送入近地轨道，在此完成相关组装工作。轨道转移飞行器（如：电推进飞行器）用于将SPS从近地轨道送入最终轨道（地球同步轨道）。

4）维护成本

空间段的维护成本等于空间段建造成本乘以一个固定百分比。地面段维护成本等于地面段建造成本乘以一个固定百分比。图D—33描述了03M成本模型的计算流程。

（2）计算结果

计算结果表示了建造一个1 GW SPS的相关成本。

1）成本分析结果

表D—11列出了建造一个1 GW系统的相关成本。在此模型中，我们设法实现最小的质量。为了实现这一目标，假设太阳能电池片上没有太阳聚光，其聚光率为1。聚光率很容易提高到2，但此时太阳能电池将需要冷却装置，冷却装置可能是某种散热器，散热器的重量功率比将达到2.00 g/W。从该表可以看出，一个1 GW SPS的建造运行总成本将耗资1.29万亿日元，这一成本将通过8.9日元/kWh的售电价格得到回收。

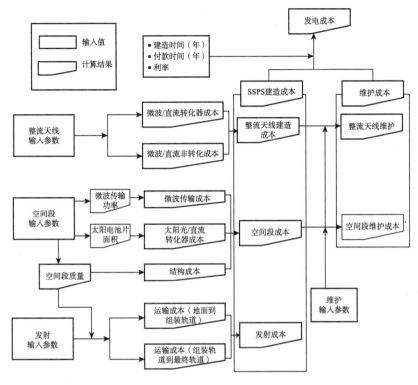

图 D—33 03M 成本模型流程图

表 D—11 03M 成本模型评估结果

序号	项 目	单 位	指 标
1	接收微波功率	GW	1.32
2	发射微波功率	GW	1.34
3	收集功率	GW	1.79
4	太阳能电池板输出	GW	1.79
5	太阳能电池板接收功率	GW	10.70
6	前端接收功率	GW	13.37
7	前端面积	km²	9.88
8	发射机面积	km²	7.91

续表

序 号	项 目	单 位	指 标
9	天线面积	km²	7.91
10	各种废热	GW	6.68
11	太阳能电池板废热	GW	6.72
12	发射机废热	GW	0.18
13	前端质量	t	2 000
14	太阳能电池板质量	t	1 186
15	微波发射机质量	t	2 685
16	天线质量	t	2 372
17	散热器质量	t	0
18	支撑结构质量	t	624
19	次镜	t	800
20	转化组件质量	t	6 867
21	所有空间段质量	t	9 667
22	发射微波能量成本	百万日元	6 713
23	太阳光—直流转化成本	百万日元	1 581
24	支撑结构成本	百万日元	203
25	所有空间段成本	百万日元	8 497
26	整流天线直径	km	1.56
27	微波—直流转化成本	百万日元	1 000
28	其他地面费用	百万日元	637
29	总的地面费用	百万日元	1 637
30	需要送入空间的质量	t	12 745.55
31	可重复使用运载器飞行任务次数	次	255
32	所需 RLV 的数量	次	6
33	所需发射燃料总量	t	290 004
34	RLV 运行成本	百万日元	2 206
35	建造 RLV 的成本	百万日元	255
36	RLV 维护成本	百万日元	0

续表

序 号	项 目	单 位	指 标
37	RLV 发射燃料的总成本	百万日元	133
38	OTV 所需推力	N	2 827.85
39	OTV 所需功率	MW	86.66
40	质量比		0.91
41	OTV 电源质量	t	1 733.23
42	OTV 推进剂质量（单向）	t	1 121.25
43	OTV 推进剂质量（往返）	t	1 345.51
44	OTV 初始总重	t	3 078.74
45	OTV 运行成本	百万日元	97
46	OTV 制造成本	百万日元	6
47	OTV 维护成本	百万日元	91
48	OTV 推进剂成本	百万日元	7
49	运输成本（地面到 LEO）	百万日元	2 594
50	运输成本（LEO 到 GEO）	百万日元	200
51	总的运输成本	百万日元	2 794
52	年度维护费用	百万日元/年	271
53	向电网输送的电力	kWh/年	8 322 000 000
54	实际利率	%	5.221 5
55	SPS 建造成本	百万日元	1 292 9
56	供电单位成本	日元/kWh	8.896 3

注：（1）前端指主镜系统，它是一个旋转系统，并指向太阳能电池阵的入射太阳光。

（2）所有成本都是出于建造一个商业运营型 SPS 系统的一次性成本。运行成本指的不是运行 SPS 系统的成本，而是完成系统建造所需的成本。

2）环境影响分析结果

下面的分析数据说明从排放到大气中的二氧化碳角度看，SPS 对环境的影响非常小。从表 D—12 可以看出 SPS 的不同部分排放出的二氧化碳量。SPS 每产生 1 kWh 电能所排放到大气中的二氧化碳低于风力发电和核能发电。SPS 是非常清洁的能源。

表 D—12　SPS 项目二氧化碳排放情况

项　目	CO$_2$ 排放量	单　位
建造空间段所排放的二氧化碳	83 160	t
发射进入空间所排放的二氧化碳	959 527	t
建造整流天线所排放的二氧化碳	953 710	t
运行空间段所排放的二氧化碳	31 281	t/a
运行整流天线所排放的二氧化碳	9 537	t/a

3）能源投入回报分析结果

要赚钱，就需要先花钱，在财经领域，这被称为"投资回报"（ROI）。同样，要获取能源，就需要先消耗能源，这可以被称为"能源投入回报"（EROI）。太阳能电池片的 EROI 非常低，生产太阳能电池片需要耗费大量能源，需要十多年才能收回这些能源。利用太阳能电池发电生产太阳能电池片不是一个好方法。然而，从资源利用的角度来看，SPS 是一个更好的提案。表 D—13 列出了相关数据。

表 D—13　SPS 所需能量回收时间

建造空间段所需投入的能源	1 622	GWh
将空间段发射进入空间所需投入的能源	2 151	GWh
建造地面段所需投入的能源	548	GWh
维持空间段运行所需投入的能源	113	GWh/a
维持地面段运行所需投入的能源	5	GWh/a
所需投入的总能源	7 762	GWh
总的能源投入回报	262 800	GWh
能源投入回报率	33.86	
能量回收时间	0.89	a

（3）总结和未来的工作

已对新模型（SPS 2003 年标准模型）完成成本、洁净度（二氧化碳排放量）和 EROI 等评估。尽管该报告没有详细说明有关参数研究的情况，但研究人员已经对一些参数进行了检验。如果所有参数都不确定，那么就难以进展。一些参数必须是确定的（默认值），以便开展分析。要在 2020～2030 年期间实现 SPS 系统，还需要开展大量的研究工作。

空间发射方面也还存在许多不确定因素，其中之一就是继续探索降低发射成本的方法。

诸如 RLV 和 OTV 可以运输多少载荷、近地轨道和地球同步轨道之间的特殊运输方式（也就是在地轨道完成组装，然后再送入地球同步轨道，或者在地球同步轨道完成一些组装工作）等问题正在被考虑。任何方法都有其优点和缺点。工作组之间应进行更多的讨论，有助于更好的理解如何控制成本、提高建造速度和运输速度。

D. 8　环境与安全问题

SSPS 系统的研制和运行过程存在一些风险和威胁，下面三个问题需要有关团队进行仔细跟踪。

（1）SPS 对外部事物所造成的环境和安全风险；

（2）外部事物对 SSPS 所造成的环境和安全风险；

（3）如何应对突发事件和系统故障。

表 D-14 和表 D-15 总结了目前正在跟踪的关于风险和危险的各种问题。表 D-14 侧重于 SPS 对外部事物的影响，表 D-15 则相反（这两个表包括对突发事件和故障的响应，因此不再针对突发事件和故障单独列表）。

表 D-14　SSPS 环境和安全问题（SSPS 对外部事物的影响）

问　题	SSPS 研制阶段	SSPS 运行阶段
运输		
RLV 发射和返回	O	O

续表

问　题	SSPS 研制阶段	SSPS 运行阶段
OTV	O	O
组装与维护	O	O
微波功率传输		
对其他航天器的影响		O
对大气的影响		O
对电离层的影响		O
对航空器的影响		O
对飞行在波束路径中的动物的影响		O
对通信系统的影响		O
对医疗系统的影响		O
对地面生物的影响		O
空间段		
对其他航天器的影响		O
地球资源的耗费	O	O
整流天线（地面段）		
对功率传输系统的影响		O
对邻近设备的影响		O
散热		O
来自于整流天线的再发射		O

表 D—15　SSPS 环境和安全问题（外部事物对 SSPS 的影响）

问　题	SSPS 研制阶段	SSPS 运行阶段
空间段		
与空间碎片的碰撞	O	O
空间环境	O	O
恐怖主义行为		O
地面段		
当地环境		O
电力系统		O
恐怖主义行为		O

D. 8. 1 运输过程

（1）RLV 对大气和电离层的影响

在 NASA 的参考系统中，采用 HLLV 和 PLV 两种发射系统，并使用 CH_4 和 O_2 作为燃料。

本次研究中，仅考虑了 H_2 和 O_2 燃料，因此不考虑二氧化碳的影响，而仅仅分析水（H_2O）和氢气（H_2）的影响。

RLV 排放水和氢气，这对低层大气中的局部天气存在负面影响，但影响程度相对较小。

另一问题是 RLV 化学排放物对臭氧层所造成的负面影响（臭氧层可以防护太阳紫外线辐射）。相对于固体燃料火箭通常使用氯化物，RLV 仅排放 H_2 和羟基类化学物质，对臭氧层的影响很小。

RLV 所排放的 H_2O 和 H_2 对电离层，特别是对于 F 层造成影响，可能会对通信造成一些负面影响。

（2）OTV 对空间环境（电离层以上）的影响

目前，OTV 采用离子推进器。因此，需要考虑离子推进器排放的化学成分可能对空间环境造成的影响，对此还需要做进一步研究。

D. 8. 2 部署和维护过程

尽可能少的产生空间碎片是十分重要的，对此已有相关文件（空间碎片控制标准）。

D. 8. 3 微波辐射传输的影响

（1）对其他航天器的影响

主要关心的问题是从 SPS 向地面发射到微波，可能对运行在空间的其他设备的性能产生负面影响。SPS 的主要目的是向地面输送电能，其他航天器的主要功能是空间—空间以及空间—地面的电磁通信，因此存在电磁灵敏度和电磁兼容方面的问题。

目前从电磁干扰的角度考虑了 SPS 发射对其他航天器的影响，但没有考虑 SPS 辐射对空间工作人员的影响，如国际空间站的宇航员。

1）对仪器设备的影响

SPS 发出的微波辐射可能对地球轨道其他航天器上的电子设备造成负面影响，这些干扰本质上基本都是电磁干扰。

一些国家在空间电磁干扰方面已有相关标准，而 SPS 将遵循 MIL－STD－461C（美国国防部军用标准）要求，具体见表 D－16。

表 D－16　航天器仪器电磁干扰限制（MIL－STD－461C 第 3 部分）

频率范围	电场强度/（V/m）	辐射功率密度/（mW/cm²）
14 kHz～30 MHz	10	0.03
30 MHz～10 GHz	5	0.007
10 GHz 以上	20	0.11

2）爆炸物

外层空间偶尔需要爆炸装置完成任务，如天线、大型太阳能电池板等机构的展开都需要爆炸装置。从 LEO 运输货物至地球同步轨道也需要爆炸物（如固态燃料助推火箭）。使用受控的爆炸物不可避免，但必需回避不受控的爆炸物。SPS 将遵循相关标准，如 MIL－P－24012 和 JIS W7005 "宇航系统要求"。

3）人造卫星轨道

地球同步轨道位置比较拥挤，包括许多地球同步轨道卫星，如通信、电视转播、气象观测、地球观测卫星等。SPS 也需要一个地球同步轨道位置，一旦进入位置，它将连续不断地向地面输送电力。该波束路径必须在国际上得到认可，同时外层空间的其他用户必须注意此波束并予以回避。该波束可能影响正在发射的其他卫星，或者在轨运行的卫星。

波束基本仅处于 SPS 及其地面站之间，但旁瓣会对外层空间的其他用户产生影响。因此，必须与其他机构合作。国际组织既要了解 SPS 的需求，也要了解外层空间其他用户的需求。需要对这些不同的需求进行平衡，以使地球的人们获得最大的利益。

让每一个人都满意是很困难的。多个国家在全球范围内（南美洲、非洲等）具有多个发射设施，其发射活动需要与 SPS 任务进行协调。运载火箭可能经过 SPS 波束，为了避免 SPS 和地球轨道人造卫星之间的电磁干扰，必须考虑天线的辐射图，以及卫星和 SPS 预定轨道位置的偏移情况。

（2）对地球大气和电离层的影响

SPS 的实现要面临诸多问题，其中一个主要问题是 SPS 对地球大气和电离层的影响。对电离层的许多影响都是可能的，有可能出现等离子波扰动现象，其影响是无线电通信可能遭受不利影响。另外，高频情况下的微波大气衰减也是需要关注的问题。

D.9　基于激光的 SPS 研究[33]

JAXA 的 SPS 研究近期取得的一个重大进展是基于激光的 SPS（L-SPS）系统概念。图 D-34 为所提出的 L-SPS 系统概念。基于激光的 SPS 是一个相对新颖的概念，只有 JAXA 最近提出其系统概念。目前提出的 L-SPS 由多个串联的 L-SPS 单元组件组成。每个 L-SPS 单元包括太阳聚光镜、太阳泵浦激光装置和散热器。每个 L-SPS 单元尺寸为 200 m（W）×200 m（D）×100 m（H）。100 个 L-SPS 单元串联组成 L-SPS 系统，整个 L-SPS 为一颗铅笔形状的卫星。

D.9.1　激光能量传输

在日本，基于激光的 SPS（L-SPS）还是一个比较新的概念，而基于微波的系统则具有较长的研究历史。JAXA 目前正联合大阪大学激光技术学院（ILT）和激光工程学院开展直接太阳能泵浦激光系统研究。直接太阳能泵浦激光的产生较传统的利用电能产生激光振荡的固态或气体激光器更具优势。由于必须采用太阳能电池或其他低效率方式将太阳能转化为电能，由激光二极管或一些其他电能的方式产生激光振荡的 L－SPS 总体效率将会较低。相对于微波能量传输，直接太阳能泵浦激光技术的近期进展，显示了其进行高效能量转化和传输的可能性。

图 D－34　L－SPS 概念（JAXA，2004）

D. 9. 2　直接太阳能泵浦激光振荡

为了通过直接太阳能泵浦产生激光波束，必须有高聚光率的太阳光入射到激光器介质上。所需太阳聚光率的最小值主要由激光器介质、太阳能吸收率和热震参数（如材料因内部热梯度导致的内应力的缺陷）等因素决定，有多种材料可以用作激光器介质。从耐受内应力的角度看，蓝宝石是用于激光介质的最佳材料。然而，要制造较大的蓝宝石晶体却不是件容易的事情，由于钇铝石榴石（YAG）晶体比蓝宝石晶体更容易制造，所以采用 YAG 激光晶体。使用

YAG 晶体时，所需太阳光聚光率至少要达到数百以上。

图 D－35 为基于直接太阳能泵浦激光的 SPS（L－SPS）基本概念，它包括太阳聚光镜和一个带有辐射器的激光介质。

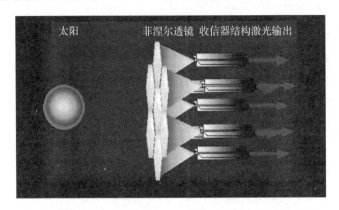

图 D－35　基于激光的 SPS（L－SPS）基本概念

图 D－36 为用于概念验证的直接太阳能泵浦激光振荡的实验装置。近期，JAXA 和 ILT 通过直接太阳能泵浦方式，采用模拟太阳光和一种掺铬钕钇铝石榴石（Nd－Cr：YAG）晶体的激光介质，成功产生了激光光束。

图 D－36　用于直接太阳能泵浦激光振荡的实验装置

ILT 在其他激光介质，如盘型大晶体方面也取得进展。在该项实验中，输入功率到输出激光功率的转换效率达到 37%。

D.9.3 太阳能泵浦激光系统设计

在太阳能泵浦激光系统设计中，由于只有部分入射太阳能可以转化为输出激光，剩余的能量主要转化为热能，因此，激光器晶体的散射十分重要。当高度聚集的太阳光束入射到激光器介质上时，大约 1/3 的能量转化为输出激光。另外 1/3 的入射太阳能将转化为热能，这些能量增加了激光介质内部能量，但不能转化为激光进行输出。剩下的 1/3 入射能量对激光器振荡没有任何作用，因为其频段远离输出激光频率。

太阳光谱段中的不能为激光器介质所利用的太阳能部分，不应当进入激光器介质。根据波长不同而具有不同反射率的高分子膜，将用于排除太阳光谱中的无用部分。

D.9.4 L—SPS 参考模型

为了加快为实现 L—SPS 所需要的单项技术研究，科研人员提出了一个 L—SPS 参考模型。图 D—35 为所提出的 L—SPS，其输出功率为 1 GW。辐射散热系统的能力制约了 L—SPS 的潜在输出能力。L—SPS 由 100 多个小型的 L—SPS 单元组成，每个单元的输出功率为 10 MW，L—SPS 单元之间进行串联。每个 L—SPS 单元由一对太阳能收集镜、一个容纳激光器介质的激光器模块和辐射器组成，如图 D—37 所示。主太阳光聚光镜为了获得所需的太阳能，其宽度达到 200 m。在次镜系统中，反射太阳光束形成直径为 1 m 的聚集太阳光束，然后进入激光介质。激光介质采用液体冷却方式，被加热的冷却液体将被送入辐射器进行散热。图 D—38 和图 D—39 给出了激光介质和光学器件的布局结构，同时也对其他类型的激光介质进行了研究，如光纤类介质，以确定用于激光器模块的最佳介质类型。

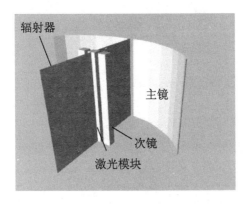

图 D—37　L—SPS 单元概念

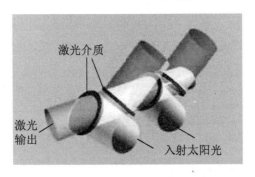

图 D—38　太阳光泵浦激光器结构（圆盘类型）

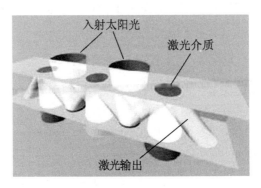

图 D—39　太阳光泵浦激光器结构（活动镜类型）

参 考 文 献

[1] Study on Space Solar Power Systems, JAXA Contractor Report (in Japanese), 2003.

[2] Mitsushige Oda, Realization of the Solar Power Satellite Using the Formation Flying Solar Reflector, NASA Formation Flying Symposium, Washington DC, Sept. 14—16, 2004.

[3] This section is an excerpt from Masayoshi Utashima, In-orbit transportation of SPS considering debris impacts and cell degradation by radiation, ISTS 2004—f—01, 2004.

[4] Utashima, M., "Departure Orbit and Thrust Vector Control of SSPS Orbital Transfer," NASDA Technical Memorandum, NASDA-TMR-030001, April 2003 (in Japanese).

[5] Utashima, M., "Debris Analysis for SSPS Assembly Orbit," Document in System Analysis and Software Research Center of NASDA (in Japanese), GLA-03015, April 2003.

[6] Nagatomo, M., "Development of the SPS 2000 System Concept and its Future," ISAS Special Report Vol. 43, March 2001 (in Japanese).

[7] Sasaki, S., Ushirokawa, A., and Morita, Y., "Radiation Resistance of a-Si Solar Cells Evaluated for SPS Use," ISAS Special Report Vol. 43, March 2001 (in Japanese). = (number density of atom) × (satellite velocity× (time interval).

[8] mreq is defined as the mass of the SPS on GEO that produces a power of 1 GW on the ground with no cell degradation. mreq is currently estimated to be about 10 thousand tons.

[9] http: //www. nedo. go. jp/shinene/taiyoudenchi/pvmodule. html.

[10] Study on Space Solar Power Systems, JAXA Contractor Report (in Japanese), 2004.

[11] Study on Space Solar Power Systems, JAXA Contractor Report (in Japanese), 2002.

[12] Kimbara, " Membrane, its function and applications," p. 109, Japanese

Standards Association, 1991. (In Japanese).

[13] T. Mitani, N. Shinohara, H. Matsumoto, and K. Hashimoto, "Experimental Study on Oscillation Characteristics of Magnetron after Turning off Filament Current", Electronics and Communications in Japan, Part II: Electronics., Vol. E86, No. 5, pp. 1—9, 2003.

[14] N. Shinohara, T. Mitani, and H. Matsumoto, "Development of phase controlled magnetron", Trans. IEICEJ, Vol. J84, No. 3, pp. 199—206, 2001 (in Japanese).

[15] Study on Space Solar Power Systems, JAXA Contractor Report (in Japanese), 2001.

[16] http://www.ic.nec.co.jp/compo/tube/index_e.html.

[17] http://www.tte.thomson-csf.com/tte/cgi-bin/TopBuildFrame.pl ? URL=Us/Corporate/Profile.htm.

[18] C. R. Smith et al., The microwave power module: a versatile RF building block for high-power transmitters, Proc. IEEE, 87—5, 717—737, 1999.

[19] S. Kitazawa, Commercialization of the on-Board Equipments for Communications Satellites in Japan, MWE' 96 Microwave Workshop Digest [WS14— 3], pp. 387—395, 1996.

[20] M. Skolnik, Radar Handbook 2nd Ed. 1990.

[21] S. Matsumoto, et al., Study on the device characteristics of a quasi-SOI power MOSFET fabricated by reversed silicon wafer direct bonding, IEEE Trans. on Electron Devices, Vol. 45, 1940—1945, 1998.

[22] S. Matsumoto et al., A high-efficiency 5-GHz-band SOI power MOSFET having a self-aligned drain offset structure, Proc. of 13th Intern. Symp. Power Semiconductor Devices and ICs pp., 00 102, 2001.

[23] SPS2000 task team, "SPS2000 Project Concept", Ch. 6, pp. 6.2—19, Institute of Space and Astronautical Science, Japan, 1993.

[24] Research of SPS System (in Japanese), NEDO (New Energy Development Organization) /MRI (Mitsubishi Research Institute), Ministry of Trade and Industry, p. 211, 1994.

[25] C. A. Balanis, Antenna Theory: analysis and design, 2nd Ed., Figure. 8. 31, Wiley & Sons, Inc., 1997.

[26] R. J. Mailloux, Phased Array Handbook, Figure. 1. 11 (a), Artech House Inc. , 1994.

[27] Hashimoto, K. , K. Tsutsumi, H. Matsumoto, and N, Shinohara, Space Solar Power System Beam Control with Spread Spectrum Pilot Signals, The Radio Science Bulletin, 311, 31—37, 2004.

[28] SSK (Japan Research Institute for New Systems of Society) Seminar, RF-ID business, Jan. 23, 2004 (in Japanese).

[29] M. Usami and M. Ohki, The μ-chip: an ultra-small 2. 45 GHz RF-ID chip for ubiquitous recognition applications, IETCE Trans, Electronics, Vol. E86-C, no. 4, 521—528, 2003.

[30] Y. Fujino, Rectennas for SPS demonstration satellite, Tech. Report of IE-ICE, SPS2003—05, 2004.

[31] =exp (− (velocity impulse) / (specific impulse) / (acceleration of gravity))

[32] M. Oda and M. Mori, Conceptual Design of Microwave-based SPS and La-ser-based SPS, International Astronautical Congress, Vancouver, Canada, October 2004.

附录 E　欧洲的研究工作（ESA 报告）

空间太阳能——21 世纪可持续能源系统的空间贡献

摘要

　　地面太阳能发电是发展最快的能源方式之一，已持续发展并保持了十多年的高增长率，特别在欧洲具有非常光明的前景。

　　在地球轨道建造大型太阳能发电站并将能源输送给地面接收系统的设想已超过 30 年，并引起了能源和空间工业部门的周期性关注。所有的研究结论都证明了这一概念的技术可行性，重点在于逐步提高其功率质量比。然而，依据目前的技术，在空间生产电能的成本仍然非常高，运载器技术方面还没进步到将每 kg 运载成本减少到所需要的量级，因而还没有开展实质性的研发工作。

　　在过去的研究中，空间能源概念主要与传统的能源系统进行对比。基于这种背景，ESA 的先进概念组在 2002 年开始启动一项三阶段研究计划。该计划的第一个阶段是确认阶段（Validation Phase），研究重点包括：一方面开展空间太阳能电站与可比较的地面方案的对比分析；另一方面评估 SPS 对于空间探索和其他空间应用方面的潜力。

　　空间概念与地面方案的对比是基于同等先进技术和同等经济条件进行的，时间框架为 2020～2030 年，主要在能量回收时间、发电的最终成本、不同能源供给情形的适应性、可靠性及风险等方面进行比较。

E. 1 引言

当前，空间及能源不仅具有战略性，其重要性在 21 世纪还在持续增加。但传统上，空间与能源之间很少发生关联。

人类所要解决的基本问题之一是确定并实施一种能够满足日益增长的全球能源需求的、可持续的能源系统，以保持发达国家的生活标准、并提升发展中国家的生活标准。廉价和丰富的能源对于发展中国家在减少贫困和缩小发展差距方面将发挥至关重要的作用。

通过对能源系统的演化历史分析表明，尽管存在固有的连续性，能源在过去经历了几次较大的变化（如电、石油、天然气、核电等的引入）。所有这些变化在其发生前的几十年就被预测到，因为这些预测都是基于各种发现、对主要可行性的验证和随后出现和确定的需求。几十年前就提出了在空间进行太阳能发电的构想，而且各种研究均表明了其基本可行。化石燃料的使用所包含的不利因素的增加，都似乎表明了需要改变现有的能源系统[1]。

本文的目的是探索寻找一种可用于国家长期能源系统的可行性方案。

E. 2 动机和框架

2002 年，ESA 的先进概念组启动了一项与空间太阳能发电有关的多年研究计划，第一阶段主要是评估可用于地球能源供应以及用于空间探索[2,3]的空间能源方案的可行性，研究成果将在本文中进行描述。本文将着重于空间向地球提供能源的方案。

欧洲空间太阳能电站发展计划的研究动机可分为全球和欧洲两个层面。

E. 2. 1 全球范围

从长期的和全球范围来看，与 21 世纪及未来能源相关的要素主要包括以下 3 个方面：

（1）根据过去的经验和所有目前的预测，全球的能源需求将持续增长，且与世界人口的增长密切相关。

（2）能源的可用性及其使用与人们的生活标准和发展水平密切相关，尽管气候条件和生活方式的不同也造成显著的地区差异。目前在世界范围内，人均主要能源消耗大约是每年 17 000 kWh，在北美，人均能源消耗比这一平均值要高 5 倍（每年 100 000 kWh），而在人口数量多、增长快的非洲和东南亚地区，人均能源消耗仅分别是每年 4 000 kWh 和每年 10 000 kWh[4]。

因此，发展中国家在随着人口增长导致总电力消耗自然增加的同时，伴随着平均生活水平的提高，总的电力需求将快速增加。

（3）全球温室气体排放中的主要部分主要来自于发电行业（40%）和运输行业（21%）。尽管使用能源的碳密度在过去 30 年连续下降，但由于总的能源消耗大量增加，碳密度的减少并没有、而且可能不足以稳定或减少总 CO_2 的产生量。根据国际能源机构报告，世界产生的 CO_2 总量将从目前每年 16×10^9 t 升高至每年 38×10^9 t[4]，即增加 137%。

此外，新的能源需求可能会改变这一情况。目前可预见的因素之一是全球人口的逐渐增加会带来严重的缺水压力，依靠能源强化海水淡化的工厂将成为解决水问题的部分手段。

由于传统燃料（用于交通运输）导致的大城市污染因素带来的健康问题，有可能会增加对全球能源系统改变的争论。

当我们尝试根据能源系统过去的演变来预测未来的发展以及变化趋势时，可能会得到有价值的结论。图 E-1 描述了可再生/核能源、煤、油和气三类能源的供应比例，表明我们使用的主要能源在 20 世纪下半叶已从那些高碳能源（生物质能、煤，直到工业革命末期）转变到油和气体能源。

自从第一次世界大战以来，由于石油和天然气作为运输产业使用能源的引入，煤在能源中所占份额从最高时的 70% 稳定下降。20

世纪 70 年代的石油危机也有类似影响，由于核能的引入，导致石油和天然气所占份额降到约 60％的水平。在更低的程度上，目前可以看出从石油向天然气的变化导致燃料的含碳量连续减小（（C：H）比：～10：1（木材），～2：1（煤），～1：2（油），～1：4（气））。

对这一趋势进行推断，可得出接近图 E－1 所示的三角形区域右下角的位置，即由可再生能源和碳中性能源占主导。

如果将空间能源系统表示在图 E－1 中，那么它将处于非常靠近右下角的位置。由于缺乏碳氢化合物存储太阳能，因此在空间只有两种能源是可用的，即太阳能与核能。由于空间条件更为苛刻，空间能源系统在图 E－1 中能源三角中的位置没有被定位在未来可再生地面能源系统的位置。在空间利用目前最大的可再生能源，包括水能、生物能和风能（除了在某些行星表面）都是不可行的，只有以

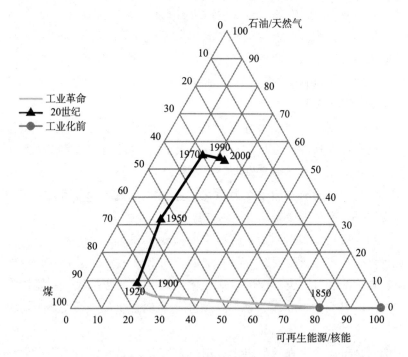

图 E－1　主要能源比例的演化过程

太阳辐照形式提供的太阳能和具有最大能源密度的核能源，是可以在空间利用的能源形式。

E.2.2　欧洲范围

关注能源更受限制的欧洲，需要考虑下面几个主要方面：

（1）大量的发电站需要更新；

（2）能源进口依赖性的增加；

（3）减少温室气体排放的需求。

欧洲的发电站中有很大一部分是在 30～40 年前建造的，已经到了设计寿命的末期。为了应对这一状况，许多的欧洲国家最近开始了一场有关能源的辩论，即欧洲未来应选择什么样的能源组合[5]。

国际能源机构评估了建造新的发电站以替代一部分老化的发电站所需要的投资，到 2020 年将需要耗资 5 310 亿欧元[4]。

欧洲委员会和许多欧洲国家主动地、实质性地支持可再生能源份额的逐步增加。

欧洲委员会已经制定了雄心勃勃的发展目标，将可再生能源的比例提高 1 倍，即到这个 10 年的末期，使可再生能源的份额从目前的 6% 提高到 12%。由于水电大致保持稳定的份额（4%），这便意味着风能、太阳能和生物发电等的份额都将有 4 倍以上的增加[6]。

此外，欧盟能源进口总体依赖性预计将从 50% 提高到 70%。而进口依赖性的增加对能源安全产生了必然的威胁，需要通过增加替代方式，以改变这一趋势。

E.3　目标

由于目前还不能期望大规模的地面太阳能发电或空间太阳能发电在未来 20 年能够在能源系统中发挥重要作用，下一次关于大型能源的讨论可能发生在 2020～2030 年。

由于空间太阳能电站具有较长的寿命，但需要较长的技术发展时间以及概念的不成熟性，作为主流发展来说过于超前，但作为一种对能源领域问题的长期解决方案又不能被忽略。目前 SPS 发展计划的长期目标之一就是推进系统概念的进步，以达到可以发展的成熟水平。

空间太阳能电站被认为没有原理性的技术问题，在过去 30 年间的方案和技术进步已经逐渐减少了所需的在轨质量（基本没有理由认为这一趋势会很快发生变化），首要目标是要评估这些方案的有效性。

过去开展的评估，除了在 SPS 研究组织内部，似乎并不能让更多的人相信。为了使评估结果更可信并产生更多的影响，目前的评估工作由独立的能源咨询机构进行。

E. 3. 1　边界条件

有效性评估阶段的总体框架确定如下：

（1）限定在更广泛的欧洲范围；

（2）与地面太阳能发电系统进行比较；

（3）开展能量回收时间评估；

（4）在相同的技术成熟水平进行技术对比；

（5）结合 2025/2030 年欧洲能源需求的实际预测。

因为过去大部分的 SPS 概念方案是为全球设计的，限定在欧洲范围（欧洲具有广泛的解释）增加一些严格的限制。这些限制对于将方案纳入到 2025/2030 年欧洲实际电力需求系统方案是非常重要的。

将比较的范围仅限于地面太阳能发电系统，使得比较更容易，也更公平。同时也意味着更大规模的情形对于地面方案是不实际的（例如，太阳能发电系统供应 50% 以上的欧洲总能源需求）。

判断准则之一是被认为高得不合理的能量回收时间（地面系统差不多和空间系统一样），进行全过程的能源评估是比较所必须的。因此要特别注意，比较是基于实际的部件材料能源成本，而不是简单的但并不很精确的成本—能源关系。

E.3.2　综合：空间系统和地面工厂

考虑到空间和地面太阳能发电方案的不同技术成熟度，以及地面基础负载系统所需的高储能成本，也对于将空间太阳能电站系统和地面太阳能电站结合的可能优点进行了评估。

E.4　欧洲的方法

E.4.1　欧洲空间太阳能发电研究网络

欧洲的第一步是在 2002 年 8 月创建了欧洲空间太阳能发电研究网络[2,3]，它为包括工业、学术界和研究机构在内的所有与 SPS 领域相关的研究人员和感兴趣的参与者提供了一个平台。

已确定的 SPS 项目计划的主要方面及其三个发展阶段参见文献[2]，ESA 的 ACT、欧洲的工业界和有关大学同步开展了一系列研究活动[2,7,8,9,10]。

E.4.2　与地面太阳能发电专家的结合

两个并行的工业研究团队同时开展研究，这两个团队均由独立能源咨询公司牵头，并且分别包括了空间和地面太阳能专家。

E.4.3　电力消耗曲线

电力消耗情形被分成基础负载电力供应模式和峰值负载电力供应模式。基础负载电力被定义为最低日常电力需求水平，峰值负载功率被定义为非基础负载功率，如图 E-2 所示，图中给出了欧洲典型一天内的电力负载曲线。

E.4.4　供应方案

太阳能发电卫星的功率通常设定为 GW 范围，而目前的地面太

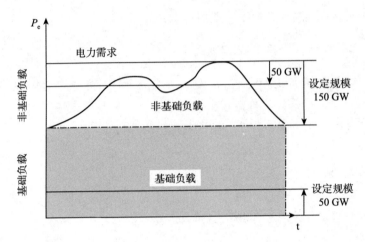

图 E—2　用于目前评估的基础和峰值负载（非基础负载）功率

阳能发电站的功率一般为几 MW 范围。为了得到不同功率规模对于空间和地面太阳能电站的影响，分别对 500 MWe、150 GWe 和 500 GWe 规模电站的峰值负载和基础负载方案进行了分析。

E. 4. 5　发射成本

在评估太阳能发电卫星的经济可行性时，发射成本是最重要的一个参数，任何假设的固定发射成本都将影响系统比较的结果。

因此，实际评估过程中，将发射成本作为开放参数，以目前的发射成本作为上限，以燃料成本作为下限。

在评估建造和运营成本过程中，为了克服"鸡与蛋"式的问题，即建造 SPS 所需的发射频率会降低发射成本，发射成本反过来又可以降低建造 SPS 所需的成本，两个研究团队协商采用一种学习曲线法，即以目前的发射成本作为基数，假定总发射质量每增加 1 倍，发射成本就减小 20%（即进步率 0.8）。

第一步，不考虑发射成本，只对空间太阳能发电系统和地面太阳能发电系统的成本进行比较。

第二步，通过对两个系统成本进行比较，确定 SPS 空间太阳能发电系统与地面太阳能发电进行竞争的最大允许发射成本。

第三步，采用进步率 0.8 来分析随着 SPS 各个部件的发射所带来的发射成本的减少量。然后，将这一值与第二步所确定的最大允许发射成本进行比较。这种分析方法并没有考虑潜在的影响因素，如较低的发射成本会打开其他的发射市场。

E.5　参考系统——地面

对于基础负载电力情况，一个研究团队选用了最有可能采用的系统，这个系统包括了 220 MWe 的太阳能热塔单元，这些单元分布在欧洲南部的热带地区（包括土耳其）；另一个研究团队的分析是基于安装在埃及一个人口稀少地区的太阳能热槽系统。这两个研究团队都将太阳能光伏发电装置作为现有技术条件下的高成本备选方案，但有望在未来的 2020 年或 2030 年实现成本的大幅降低。

对于峰值负载功率情况，一个研究团队选择的系统是基于太阳能光伏发电装置、高度分散的系统，并且考虑了未被使用、具有可利用潜力的建筑物表面的面积；另一个研究团队采用了与基础负载电力太阳能电站相同的设计。

关于太阳能热发电和地面光伏发电技术的详细描述见参考文献 [11~19]。

E.5.1　光伏发电技术

假设到 2025 年到 2030 年光伏技术的发展是建立在第三代多结电池基础上的，光电转化模块效率达到 20%。总成本的计算是基于目前总产量 2 GWp 情况下，成本约为 4 500 欧元/kWp。2025/2030 年时间段里的地面和空间基于光伏发电站的成本计算方法为生产量每增加 1 倍，成本减少 20%（这相当于过去 10 年的趋势），直到总产量达到 500 GWp，之后生产量每增加 1 倍，成本减少 8%。

假设电站的运行寿命为 25 年，运行和维护成本约为 2%~3%。

E.5.2　太阳能热发电技术

　　用于太阳能发电的太阳能热发电技术比光电技术更成熟，在特定的条件下太阳能热发电技术甚至可以与传统的化石燃料电站相比[13,14]，这对于太阳能热槽电站和太阳能热塔电站都是有效的。在图 E−3 和图 E−4 中给出了太阳能热槽和热塔电站的工作原理。

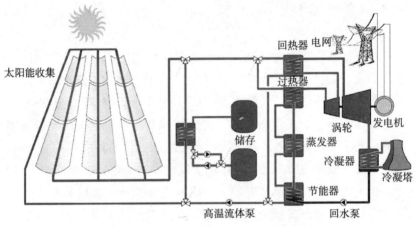

图 E−3　地面太阳能热槽设备构成图

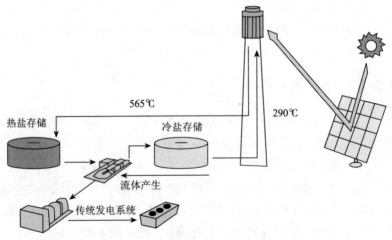

图 E−4　地面太阳能热塔设备构成图

　　按照当前的技术水平，假设单位有效槽收集面积的单位成本为 225 欧元/m^2，并额外需要 800 欧元/kWe 的发电模块和 30 欧元/kWh 的热能存储设备。2025/2030 年时间段里的成本技术也是假设可以达到 0.88 的进步率（安装容量每增长 1 倍情况下，成本下降 12%），在安装 5 亿平方米有效收集面积后进步率假设为 0.96（2004 年约为 230 万 m^2）。

　　基线太阳热塔电站方案是一个占地面积 14 km^2、容量系数达 73% 的 220 MWe 的单元。目前技术水平下的成本为 0.042 欧元/kWhe，预计到 2025/2030 年将降到 0.03 欧元/kWhe。

E. 5. 3　储能系统

　　基于埃及的太阳能热槽电站利用了可实现泵式水能存储系统的适合的地形特征。

　　分布式太阳能热塔假设采用压缩氢存储单元用于存储能量，在适当的地形下，泵式水能存储可作为另外一种选择。

　　目前技术水平下的泵式蓄水储能电站（1 GW，6 GWh，75% 的充电效率）成本约为 14 欧元/kWh ＋700 欧元/kW。假设到 2025 年，运行成本为 4 欧元/MWh 情况下（4 GW，24 GWh，85% 的发电效率）[20]，这一投资可以减少 15%，达到 12 欧元//kWh ＋600 欧元/kW。

　　假设到 2025 年，氢存储系统中生产氢能的电解质的投资成本为 500 欧元/kW，相应的运营和维护成本占总投资成本的 1.5%。假设每个压力存储容器预计成本为 1.92 百万欧元，再转化设备的投资成本是 500 欧元/kWe，生产成本为 0.01 欧元/kWhe。

E. 5. 4　传输系统

　　对于埃及的中心大型地面太阳能热槽电站情形，依靠相对远距离的电力传输线，选用的技术是高电压直流输电（HVDC）。目前每条输电线的传输容量为 5 GWe，到 2025/2030 年间有望增加到 6.5

GWe，这将使得电网建设成本由现在的 0.6 亿欧元 (1 000 km，1 GW)降到 0.46 亿欧元 (1 000 km，1 GW)，所需要的 DC—AC 转换站的成本为每站 3.5 亿欧元。假设运营和维护成本占总投资成本的 1%。

对于基于分布在欧洲阳光带地区的太阳能热塔电站的情形，则不需要依靠 HVDC 技术达到 100 GWe 以上的传输能力。

E.6 参考系统——空间

由于仅限于欧洲，可以考虑的只有地球同步轨道空间太阳能发电系统。一个研究团队选择采用激光技术进行无线能量传输，另一个研究团队选择频率为 5.8 GHz 的微波。两种方案都考虑采用陆地的地面接收站，而不是海上接收站。

原则上，欧洲空间太阳能发电研究项目的第一阶段并不开展新型空间太阳能电站概念设计，而主要参考已提出的最先进的技术方案（在 NASA "fresh look" 期间提出的欧洲帆塔方案，以及日本研究的方案)[21,22,23]。

由于激光无线能量传输 SPS 方案的参考数据很少，在分析中进行了一些假设。以激光无线能量传输为基础的空间太阳能电站为安装 111 km^2 的薄膜式 PV 电池和相同面积聚光器的地球同步轨道空间单元。按 20% 的 PV 电池发电效率，系统在轨道上将产生 53 GWe 的电能，电能输入到转化效率为 50% 的红外（IR）激光器，产生波长为 1.06 μm 的激光，激光被发射到位于北非的 70 km^2 的地面接收设备，由于波束形状和大气衰减的影响，能量损失约为 38%。地面 PV 系统对于太阳光的光电转换效率为 20%，而对于 IR 激光波束的光电转换效率可达 52%。另外，在空间和地面均有约 4% 的散射损失，空间段可向地面电网传输 7.9 GWe 的电能。

E.7　对比结果

E.7.1　基础负载电力供给

对于基础负载情况，采用地面太阳塔电站结合氢贮能，最小电站（500 MWe）的发电成本为 9 欧分/kWh，最大电站（500 GWe）的发电成本为 7.6 欧分/kWh。

在上述条件下，即使不考虑发射成本，对于最小功率方案，与地面太阳能电站相比，SPS 也不具有竞争能力。而对于 5 GWe 或更大功率的方案，如果 SPS 与地面太阳能发电系统相比具有竞争能力，就要求 SPS 的发射成本在 620～770 欧元/kg 之间。如果当地存在水贮能设施可以利用，对发射成本的要求也明显提高，要求发射成本降低到上述发射成本的 1/3，见表 E—2。

对于基于激光传输的空间系统和北非地区地面系统进行比较，由于地面接收站不仅是空间太阳能发电系统的接收装置，也是基于太阳能直接照射的地面太阳能电站的接收装置，空间和地面系统的结合更紧密，不能完全独立地进行讨论和比较。

在近地轨道发射成本 530 欧元/kg 的情形下，分析比较了空间太阳能发电系统和位于北非地面系统方案在 10 GWe、25 GWe、50 GWe、100 GWe 和 150 GWe 情况下的基础负载能源供给。空间太阳能发电系统方案的总 LEC 值从最小规模电站的 0.26 欧元/kWh 到大规模电站方案（150 GWe）的 0.1 欧元/kWh。表 E—1 列出了该系统的主要参数。

表 E—1　空间系统参数——激光能量传输

电力需求/GW	10	25	50	100
单元数/（空间/地面）	1/1	3/1	6/2	12/4
空间 PV 容量/GWp	22.1	66.4	133	266
地面 PV 容量/GWp)	3.4	8.5	17	33.9

续表

存储容量/GW	200	500	1 000	2 000
发电成本/（欧元/度）	0.26	0.166	0.137	0.113
能量回收时间/月	4.2	3.7	3.7	3.7

对于组合系统（空间太阳能发电系统和地面太阳能电站的结合），地面技术选择的范围是建立在对特殊情形的分析之上。在每种情形中，对于各种情况的发电成本进行了计算，从只考虑来自空间太阳能发电系统的能量，到不考虑任何来自空间太阳能发电系统的能量。地面接收器的设计类型、间距和倾斜度的选择依据是，是否面向空间太阳能发电系统的需求进行优化还是仅仅作为地面太阳能电站。

对于四种情形进行了详细评估：

（1）中央区域的光伏接收器根据激光波束进行优化，其余区域的光伏系统根据太阳辐射进行优化，采用泵式水能存储（情形S—1）。

（2）中央区域的光伏接收器根据激光波束进行优化，其余区域的光伏系统根据太阳辐射进行优化，采用氢气压力容器存储（情形S—2）。

（3）整个地面光伏接收器根据激光波束进行优化，采用泵式水能存储（情形 S—3）。

（4）整个地面光伏接收器根据太阳辐射进行优化，采用泵式水能存储（情形 S—4）。

上述四种情形包括了各种组合，涵盖了从完全依赖空间能源到不考虑空间能源两个极端，各方案的发电成本从图 E—5 中可看出。考虑到未来 20 年预测存在的不确定性，不同情形下的 LEC 彼此非常接近（除了仅对太阳直接辐射转化进行优化的情形，S—4），即使改变空间与地面供给的比例也不会带来剧烈的变化。

表 E—2 基础负载空间电站（微波传输）与地面（太阳塔）方式比较（括号表示采用泵式水能存贮）

总供电功率/GWe	概念	发电成本/（欧元/度）	允许的发射成本/（欧元/kg）（LEO）
0.5	地面 空间	0.09 (0.059) 0.28 (0.28)	—
5	地面 空间	0.082 (0.053) 0.044 (0.044)	750 (200)
10	地面 空间	0.080 (0.051) 0.047 (0.046)	620 (90)
50	地面 空间	0.076 (0.049) 0.035 (0.034)	770 (270)
100	地面 空间	0.075 (0.047) 0.034 (0.033)	770 (270)
500	地面 空间	0.076 (0.050) 0.039 (0.039)	670 (210)

作为普遍的趋势，这些曲线证明了本地低成本能量存储的重要影响。当地形特点适合采用泵式水能存储时，地面电站比空间系统的发电成本通常要低，即使地面接收站专门根据空间太阳能发电系统进行优化。需要注意的是，从全空间能源供给情形到全地面能源供给情形的发电成本减少量只有 1 欧分/kWh，这一结果是基于发射成本为 530 欧元/kg。

在整个情形中，最有优势的是 S—1 情形，它的地面接收器中央区域被优化用于 SPS 的激光能源转换，周围的光伏接收区域被优化用于直接接收太阳照射。在泵式水能存储情况下，全地面能源解决方案较全空间能源解决方案便宜近 3 欧分/kWh。在采用氢储能的情况下，全空间能源方案只比全地面太阳能方案便宜 1 欧

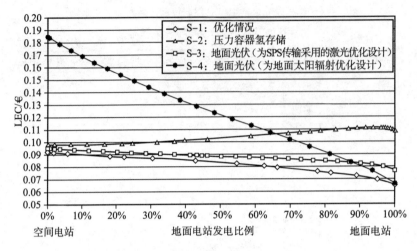

图 E-5　空间和地面太阳能设备的不同组合情形的比较

分/kWh。由于这两条曲线在两端处有最小值，两者的组合具有局部最小，接近于在 20％空间能源和 80％地面能源的组合情形下得到的值。

随着发射成本的降低，局部最小成本将向图 E-5 的右侧偏移，趋向于空间能源占有更高的百分比（X 轴的左侧）。

E. 7. 2　非基础负载的能源供给

对于非基础负载情况，采用地面太阳塔电站结合氢贮能的发电成本，从最小功率电站方案的 10 欧分/kWh 到最大功率电站方案（150 GWe）的 53 欧分/kWh。只有发电规模达到 50 GWe 以上，太阳能发电卫星的发电成本才具有竞争能力。

对于 50 GWe 或更大功率的方案，如果 SPS 与地面太阳能发电系统相比具有竞争能力，就要求 SPS 的发射成本在 155～1 615 欧元/kg 之间。如果当地存在水贮能设施可以利用，则要求发射成本降低 2 倍，见表 E-3。

表 E—3 峰值负载空间电站（微波传输）与地面（太阳塔）
方式比较（括号表示采用泵式水能存贮）

总供电功率/GW	概念	发电成本/（欧元/度）	允许的发射成本/（欧元/kg）
0.5	地面	10.6（10.2）	—
	空间	441	
5	地面	7.6（6.6）	—
	空间	36	
10	地面	5.3（4.0）	—
	空间	19	
50	地面	1.09（0.7）	155（—）
	空间	0.871	
100	地面	0.673（0.48）	958（540）
	空间	0.246（0.245）	
150	地面	0.532（0.280）	1 615（605）
	空间	0.131（0.130）	

E.7.3 能量回收时间——主要的有效性因素

空间及地面太阳能电站方案都被指责违反了电站的基本原则：即建造电站消耗的电能要超过电站所产生的电能。因此，精确评估系统的 CED，并与系统寿命期的总能量产出进行比较是非常重要的。能量回收时间为评判这些能源方案的有效性提供了一个指标。

评估系统建造需求总能量的方法有许多种，评估快速但不够准确的一种方法是输入/输出分析法。过去，这种方法已经部分用于 SPS 系统的分析，这种方法部分基于€—Joule 关系假设，根据材料的成本进行能量估算。如果系统全部部件已知，结合所有部件的质量和从专用数据库所获得的能量消耗数据，便可以进行能量平衡分析。

目前的分析研究依赖于完整的材料流分析，这是最准确的计算累积能量需求（CED）的方法。但对于空间系统的一些部件，不存在可以进行精确材料流分析的数据，则可以采用材料平衡法，部分利用专用数据库所提供的 CED 数据，见表 E－4。

表 E－4　能量回收时间比较

总功率/GW	概　念	能量回收时间/月
0.5	地面太阳热能（氢存储） 地面太阳热能（水存储） 地面太阳光电（水存储） 空间太阳电站（激光） 空间太阳电站（微波）	8.4 7.7 8.2 — 24
5	地面太阳热能（氢存储） 地面太阳热能（水存储） 地面太阳光电（水存储） 空间太阳电站（激光） 空间太阳电站（微波）	8.4 8.3 9.2 — 4.8
10	地面太阳热能（氢存储） 地面太阳热能（水存储） 地面太阳光电（水存储） 空间太阳电站（激光） 空间太阳电站（微波）	8.4 8.9 8.2 4.4 4.8
100	地面太阳热能（氢存储） 地面太阳热能（水存储） 地面太阳光电（水存储） 空间太阳电站（激光） 空间太阳电站（微波）	8.4 8.1 8.3 3.9 4.8
150	地面太阳热能（氢存储） 地面太阳热能（水存储） 地面太阳光电（水存储） 空间太阳电站（激光） 空间太阳电站（微波）	8.4 8.2 8.5 — 4.8

注：(1) 地面太阳热能（氢存储）：南欧太阳塔；

　　(2) 地面太阳热能（水存储）：北非太阳塔；

　　(3) 地面太阳光电（水存储）：北非太阳光伏。

　　在分析的全部情况中，空间和地面太阳能电站的能量回收时间均小于或等于 1 年。对于埃及的地面太阳能发电系统，能量回收时间比欧洲太阳带的分布式系统略高。在这两种情况下，完全从能源的观点分析，太阳能发电卫星具有更短的能量回收时间，时间约为 4 个月至 2 年，取决于太阳能发电卫星的规模与方案（包括运载器）。

值得注意的是，采用略有不同的方法和不同的空间方案，尽管采用不同的传输技术，对于空间段的评估几乎具有相同的能量回收时间（3.9 月～4.8 月）。欧洲南部基于太阳能热塔电站（本地氢贮存）的地面方案得出的能量回收时间为 8.4 个月，北非太阳能热槽电站（采用泵式水能存贮）的回收时间为 8.1 个月～8.9 个月，北非地面光伏发电系统的能量回收时间预期从采用目前技术的 31 个月，下降到基于 2030 年光伏发电技术的 8.3 个月。

两项详细的评估均表明，空间和地面的太阳能电站均有较短的能量回收时间，单从纯粹的能量角度来看，都属于具有吸引力的发电方式。

E.8　结论

本文试图对 21 世纪可持续能源系统的最佳选择方案进行讨论，对于到 2030 年，在同等技术条件下的空间太阳能系统和地面太阳能电站的方案进行了比较。

预计地面太阳能电站在今后 20 年会对欧洲的电力生产产生显著的贡献，而太阳能卫星在这个时期末才有可能达到技术和经济上可行。

空间方案的竞争性将随着电站总规模的扩大而提高。在给定的假设条件下，空间太阳能发电系统仅在相对大型的情况下（取决于发电规模，从 0.5 GW 到 50 GW 不等），才能和地面系统进行竞争。

地球—轨道运输是最重要的成本因素，需要比目前的发射成本降低 1 个多数量级。发射成本取决于电站的规模，若要与地面太阳能电站进行竞争，空间方案的发射成本对于峰值负载情况须在 155～1615 欧元/kg（低轨道）范围内，对于基础负载供给情况须在 600～

700 欧元/kg（低轨道）范围内。

　　基于激光能量传输的空间系统和地面电站组合系统的优势要取决于可利用的地面存储设备，对于大规模泵式水能存储需要特别适合的地形条件。

　　空间太阳能发电系统和大规模地面太阳能电站都具有较短的能量回收时间，都具有吸引力。根据详细完整的材料流分析，几乎所有的空间太阳能发电方案和地面太阳能发电方案都能在少于 1 年的时间内生产出高于制造和运行所需的能源。

　　根据本文的分析结果，证明了来自空间的太阳能具有作为可持续能源系统的潜力，但需要重要的技术成熟和进一步的研究才能走出第一步，即集成到现有的地面太阳能电站系统中。

参 考 文 献

[1] P. Glaser. Power from the sun: Its future. Science, 162: 856—861, 1968.

[2] L. Summerer, F. Ongaro, M. Vasile, and A. Gálvez. Prospects for Space Solar Power Work in Europe. Acta Astronautica, 53: 571—575, 2003.

[3] ESA-Advanced Concepts Team. Advanced Power Systems. website. http: // www. esa. int/act, (acc. June 04).

[4] IEA/OECD. World Energy Outlook 2002. Technical report, International Energy Agency, 2002.

[5] Débat national sur les energies. web, 2003. http: //www. debat-energie. gouv. fr (acc. Sept 03).

[6] Energy-Towards a European strategy for the security of energy supply. Green Paper ISBN 92—894—0319—5, European Commission, 2001.

[7] L. Summerer, M. Vasile, R. Biesbroek, and F. Ongaro. Space and Ground Based Large Scale Solar Power Plants-European Perspective. IAC — 03/ R. 1. 09, 2003.

[8] L. Summerer and G. Pignolet. SPS European Views: Environment and Health. URSI, 2003.

［9］ L. Summerer. Space and Terrestrial Solar Power Sources for Large-scale Hydrogen Production. In Marini, editor, Hypothesis V, pages 233—258, 2003.

［10］ L. Summerer. Space and Terrestrial Solar Power Sources for Large-Scale Hydrogen Production-A Comparison. In HyForum 2004, Beijing, China, Mai 2004.

［11］ M. Zerta et al. , Earth and space-based power generation systems-a comparison study. In SPS' 04 Conference-Solar Power from Space, Granada, Spain, June 2004. ESA, ESA.

［12］ V. Quaschning, N. Geuder, P. Viehbahn, F. Steinsiek, and C. Hendriks. Comparison of solar terrestrial and space power generation for Europe. In SPS' 04 Conference-Solar Power from Space, Granada, Spain, June 2004. ESA, ESA.

［13］ E. Zarza, L. Valenzuela, and J. Leon. Solar thermal power plants with parabolic trough collectors. In SPS' 04 Conference-Solar Power from Space, Granada, Spain, June 2004. ESA, ESA.

［14］ R. Manuel, D. Martinez, and Z. Eduardo. Terrestrial solar thermal power plants on the verge of commercialization. In SPS' 04 Conference-Solar Power from Space, Granada, Spain, June 2004. ESA.

［15］ V. Quaschning and M. Blanco Muriel. Solar power-photovoltaics or solar thermal power plants? In Proceeding VGB Congress, Brussels, Oct. 2001.

［16］ K. Kato and K. Kurokawa. Very Large Scale Photovoltaic Power Generation-VLS-PV. Technical report, International Energy Agency, Vienna, Austria, 2001.

［17］ Kosuke Kurokawa. Energy from the Desert-Feasibility of Very Large Scale Photovoltaic Power Generation (VLS-PV) Systems. James & James (Science Publishers) Ltd, Mai 2003.

［18］ D. E. Osborn and D. E. Collier. Utility grid-connected distributed power systems. In ASES Solar 96, Asheville, NC, April 1996. National Solar Energy Conference. also available as Green Power Network Online Report under http: // www. eere. energy. gov/greenpower/ases96. html (accessed Aug. 18, 2003) .

［19］ S. Rahman. Green Power: What is it and where can we find it? IEEE Power and Energy Magazine, ISSN 1540—7977/03, January/February 2003.

［20］ S. M. Schoenung. Characteristics and technologies for long-vs. short-term energy storage. Technical Report SAND2001—0765，SANDIA，2001.

[21] W. Seboldt，M. Klimke，M. Leipold，and N. Hanowski. European Sail Tower SPS Concept. Acta Astronautica，48 (5—12): 785—792，2001.

[22] J. Mankins et al. ，Space solar power-A fresh look at the feasibility of generating solar power in space for use on Earth. Technical Report SIAC—97/1005，NASA，SAIC，Futron Corp. ，April 1997.

[23] N. Kaya. A new concept of SPS with a power generator/transmitter of a sandwich structure and a large solar collector. Space Energy and Transportation，1 (3): 205，1996.

附录 F　URSI 十个科学委员会及其关注领域

F.1　委员会 A：电磁方法、电磁测量与标准

本委员会主要致力于促进测量标准、校准和测量方法等领域的研究和发展，以及这些领域的相互比较，重点方向包括：

（1）新型测量技术的发展和细化；

（2）主要标准，包括基于量子现象的标准；

（3）实现并发布时间和频率标准；

（4）材料电磁属性的特性；

（5）电磁计量学。

委员会促进支持整个谱段电磁技术研究、发展和利用所需的精确和一致性测量。

F.2　委员会 B：场和波，电磁理论和应用

委员会 B 主要关注领域为场和波，包括理论、分析、计算、试验、检验和应用，重点方向包括：

（1）时域和频域；

（2）散射和衍射；

（3）广义传播，包括在特殊介质中的波的传播；

（4）波导；

（5）天线和辐射器；

（6）反向散射和成像。

委员会促进分析、数值和测量技术的发明、发展和细化，以更好的理解这些现象。鼓励创新并寻求应用交叉学科概念和方法。

F.3 委员会C：无线电通信系统与信号处理

本委员会主要致力于促进如下领域的研究和发展：

（1）无线电通信系统；

（2）频谱和介质利用；

（3）信息理论、编码、调制和检测；

（4）射电科学领域的信号和图像处理。

有效的无线电通信系统的设计必须包括科学、工程和经济性考虑。本委员会重点研究科学方面，并为其他射电科学领域提供使能技术。

F.4 委员会D：电子学与光子学

本委员会主要致力于研究和评价如下领域的新发展：

（1）电子器件、电路、系统和应用；

（2）光子器件、系统和应用；

（3）与射电科学和无线电通信特别相关的电子、光子器件以及小到纳米尺度的量子器件的物理、材料、计算机辅助设计、技术和可靠性；

（4）射电科学领域的信号和图像处理。

本委员会关注电磁信号的产生、检测、存储和处理器件，并且关注从低频到光学谱段的应用。

F.5 委员会E：电磁噪声与干扰

本委员会主要致力于如下领域的研究和发展：

（1）地面和行星的天然噪声，与地震相关的电磁场；

（2）人为噪声；

（3）复合噪声环境；

（4）噪声对于系统性能的影响；

（5）天然和人为辐射对于设备性能的最新影响；

（6）噪声和干扰控制的科学基础、电磁兼容性；

（7）频谱管理。

F.6　委员会 F：波的传输和遥感（行星大气、表面和浅表层）

本委员会主要鼓励：

（1）非电离环境各频段的研究：

1）通过行星、中性大气和表面的波的传播；

2）波与行星表面（包括陆地、海洋和冰）和浅表层的相互作用；

3）影响波现象的环境特征。

（2）研究结果的应用，特别在遥感和通信领域。

（3）与 URSI 其他委员会和其他相关组织的合作。

F.7　委员会 G：电离层无线电和传播（包括电离层通信和电离介质的遥感）

本委员会致力于电离层的研究，以提供广泛的必要知识，支持空间和地面的无线电系统。委员会特别从事如下领域的研究：

（1）全球电离层的形态和建模；

（2）电离层空间—时间变化；

（3）开发测量电离层的特性和趋势所必需的工具和网络；

（4）电离层无线电传播的理论和实践；

（5）电离层信息在无线电系统的应用。

为了达到这些目标，本委员会与 URSI 其他委员会合作，并与国际科学协会理事会（ICSU）家族的其他主体（国际大地测量地球物理学联合会（IUGG），国际天文联合会（IAU），空间研究委员会（COSPAR），日地物理学特别委员会（SCOSTEP）等）以及其他组织（ITU，IEEE 等）进行合作。

F.8　委员会 H：在等离子体中的波（包括空间和实验室等离子体）

本委员会的目标包括：

（1）在广泛的意义上研究等离子体中的波，特别包括：

1）等离子体中波的产生（如等离子体不稳定性）和传播；

2）这些波之间的相互影响，以及波—离子之间的相互影响；

3）等离子扰动和混乱；

4）航天器—等离子体相互作用。

（2）鼓励这些研究的应用，特别包括太阳/行星等离子体相互作用、空间天气以及将空间作为研究实验室的应用。

F.9　委员会 J：射电天文（包括天体的遥感）

本委员会的活动关注天体目标所有射电发射和反射的观察和解释，重点包括：

（1）开展射电天文观测和数据分析技术方法的提高；

（2）支持保护射电天文观测，避免有害干扰活动。

F.10　委员会 K：生物学和医学中的电磁问题

本委员会关注促进如下领域的研究和发展：

（1）电磁场（频率从静态到太赫兹）与生物系统的物理相互作用；

（2）电磁场的生物效应；

（3）电磁场效应的内部机制；

（4）实验性电磁场暴露系统；

（5）人体暴露于电磁场的评估；

（6）电磁场的医学应用。

有关 URSI 更多的信息可以从 http：//www.ursi.org 中获得。

英文缩写词

AC	交流电
ACT	先进概念组
AIA	有源集成天线
AIAA	美国航空航天学会
AMTEC	碱金属热电转化
AP－RASC	亚太无线电科学
ASEB	航空与空间工程部
ASTP	先进空间技术计划
BAA	广泛机构公告
BMDO	弹道导弹防御组织
C&DH	指挥与数据处理
CDS	概念定义研究
CdTe	碲化镉
CED	积累能量需求
CH_4	甲烷
CIGS	铜铟镓硒
CIS	铜铟硒
CNES	(法国) 国家空间研究中心
CO_2	二氧化碳
COMET	紧凑型微波发射机
COP3	第三次缔约国会议
COSPAR	空间研究委员会
COTS	商业货架器件

CPC	复合抛物面聚光器
CR	聚光比
CRF	关键剩余系数
CRL	通信研究实验室
CTE	热膨胀系数
CW	连续波
DC	直流电
DOA	到达方向
DOD	国防部
DOE	能源部
DSRC	专用短程通信
EDF	法国电力公司
EIA	能源信息部
ELF	极低频
EMI	电磁接口
ENG	电子新闻收集
EOTV	太阳能电推进轨道转移器
EPRI	电力研究协会
EROI	能源投入回报
ESA	欧洲航天局
ESF	环境与安全因素
ESH	环境安全与健康
ESR&T	探索系统研究与技术
ETO	从地球到轨道
EV	电动汽车
FAA	美国联邦航空管理局
FCC	美国联邦通信委员会
FETs	场效应晶体管

FY	财年
GaN	氮化镓
GEO	地球同步轨道
GHG	温室气体
GHz	吉赫
GN&C	导航与控制
Gr	增益
GST	绿色科技
GW	吉瓦
GWe	吉瓦（电功率）
GWh	吉瓦时
GWp	吉瓦（峰值功率）
H_2	氢气
H_2O	水
HDTV	高清晰度电视
HEDS	载人空间探索与开发
HEMT	高电子活跃性晶体管
HLLV	重型运载火箭
HRST	高度可重复使用空间运输系统
HTCI	HEDS 技术商业化激励
HOTV	高推力轨道运输器
HVDC	高压直流电
IAA	国际宇航科学院
IAC	国际宇航联大会
IAF	国际宇航联盟
IAU	国际天文联合会
IC	集成电路
ICNIRP	国际非电离辐射防护委员会

ICSU	国际科学协会理事会
IEEE	电子与电气工程师协会
IEICE	电子信息与通信工程师协会
IF	中频
IIASA	国际应用系统分析协会
ILT	激光技术学院
IPCC	气候变化国际委员会
IPP	创新伙伴计划
IR	红外
ISAS	宇宙科学研究所（日本）
ISC	集成对称聚光系统
ISM	工业、科学与医学
ISS	国际空间站
ISU	国际空间大学
ITAR	国际武器贸易条例
ITU	国际电信联合会
IUGG	国际大地测量地球物理学联合会
IVHM	智能飞行器健康管理
IWG	国际工作组
JAXA	日本宇宙航空研究开发机构
JMF	应用能源研究所
JPL	美国喷气推进实验室
JUSPS	日美空间太阳能电站联合工作组
Kevlar	凯夫拉
kg	千克
km	千米
kW	千瓦
kWe	千瓦（电功率）

kWh	千瓦时
kWhe	千瓦时（电能量）
kWm	千瓦（机械）
kWp	千瓦（峰值）
LAN	局域网
LEC	测算的发电成本
LEO	近地轨道
LNG	液化天然气
LH_2	液氢
LO	本机振荡器
LSP	月球太阳能电站
LOTV	激光推进轨道运输器
LOX	液氧
MESFET	金属半导体场效应管
METS	空间微波能量传输
METI	日本经济、贸易与工业部
MHD	磁流体动力学
MHz	兆赫
MIL－STD	美军标
MILAX	微波驱动飞机试验
MINIX	微波电离层非线性影响实验
MMIC	微波单片集成电路
MPD	磁等离子体
MPM	微波功率模块
MPT	微波能量传输
MRI	三菱研究所
MSC	模型系统概念
MSFC	马歇尔航天中心

mW	毫瓦
MW	兆瓦
MWe	兆瓦（电功率）
NASAD	宇宙开发事业团（日本）
NASA	美国国家航空航天局
NEDO	国家能源开发办公室（日本）
NICT	国家通信技术研究所
NOAA	美国国家海洋大气管理局
NRC	美国国家研究委员会
NSF	美国国家科学基金会
O_2	氧气
OECD	经济合作与开发组织
OExS	探索系统办公室
OMB	管理与预算办公室
OOB	频段外
OTV	轨道转移运输器
PACM	相位与幅度受控磁控管
PAE	功率附加效率
PCM	相位受控磁控管
PFD	能流密度
PHEMT	赝晶高电子迁移率晶体管
PLL	锁相环
PLV	载人运载火箭
PMAD	电源管理与分配
PPM	百万分之一
PV	光伏
Q-dot	量子点
RAMS	机器人装配与维护系统

RF	射频
RF－ID	射频识别
R&D	研究与开发
RLV	可重复使用运输器
RR	无线电规则
R&T	研究与技术
SAR	比吸收率
SCTM	SSP 概念与技术成熟度计划
SEE	电力与电子学会
SEP	太阳能电推进
SEPS	太阳能电推进系统
SERT	SSP 探索研究技术计划
SHARP	静止高空中继平台
Si	硅
SiC	碳化硅
SIO	Scripps 海洋学院
SLA	伸展透镜阵列
SLI	空间发射新计划
SM&C	结构材料与控制
SOI	绝缘体表层硅
SoL	生活标准
Solar Disc	太阳盘
SOTV	太阳能热推进轨道运输器
SPG	太阳能发电
SPS	太阳能发电卫星
SRES	排放情景报告
SSP	空间太阳能电站
SSPA	固态功率放大器

SSPS	空间太阳能电站系统
SSPW	空间太阳能电站工作组
STV	空间运输器
TIM	技术交换会议
TMM	热材料与管理
TMP	技术成熟度计划
TSTO	两级入轨
TWT	行波管
TWTA	行波管放大器
UK	英国
ULF	特低频
μm	微米
UN	联合国
UNFCCC	联合国气候变化框架公约
UPS	无所不在的电源
URSI	国际射电科学联盟
US	美国
USA	美国
USEF	无人空间试验自由飞行器研究所
USGCRP	美国全球变化研究计划
VLBI	甚长基线干涉测量法
VSWR	驻波比
WEC	世界能源委员会
WPT	无线能量传输
YAG	钇铝石榴石